JN328137

ンチブルドッグのくすり箱

弱点克服

メディカルQ&Aブック

BUHI MANIACS vol. 1

Would you like to know more about French Bulldog?

ジャクテンコクフク

この家族がうんめい。

フレンチブルドッグ専門誌「BUHI」から発生したレーベル「BUHI MANIACS（ブヒマニアックス）がついに刊行です。第一弾は飼い主さんがいちばん気にしている、フレンチブルドッグ特有の「弱点」を克服するためのメディカルブック。皮膚病・アレルギー、下痢・嘔吐、呼吸器の病気、ヘルニア、眼の病気、がん。6大弱点をチャプターに分けて、Q&A方式でわかりやすく解説していきます。予防や対策、具体的な治療法、さらには飼い主さんの体験談までカバーアップする、ブヒマニアックな一冊です。

foreword

犬は自分で生きかたを決められない。
そう、決めるのはあなた。
人間は自分で考えて行動できる。
まずは知ることからすべてがはじまる。

フレンチブルドッグは、
そもそも型にはめられるのが嫌いな自由人。

だって犬も努力しているんですもの。

そこに彼はいたし、これからもいるだろう。
十年後にはいないかもしれないが、
明日はいっしょにまたこの公園で
同じ時間を過ごすだろう。

犬のしあわせってなあに？

見つめる視線の先には
いったい何があるのかと思うくらい一途な瞳。
きっと、大好きな人がそこにはいるんだろうな。

たいせつな家族を
守ってあげられるのは、
いつも側にいる
あなたしかいない。

当たり前の日が
くり返されるっていうことが
どんなにすばらしいことか。

BUHI MANIACS vol.1

フレンチブルドッグのくすり箱

弱点克服

メディカルQ&Aブック

CONTENTS

第一章◉アレルギー・皮膚病

きみのカイカイなくしたい

第二章◉下痢・嘔吐

げぼげぼピーピーなんとかしてあげたい

第三章◉呼吸器の病気

宿命の疾患に立ち向かう

第四章◉ヘルニア

予防と対策にまさるものなし

第五章◉眼の病気

身近にひそむ眼のトラブルを知ろう

参考文献◉「最新版　愛犬の病気百科」愛犬の友編集部／編　誠文堂新光社
「もっともくわしい　イヌの病気百科・改訂新版」矢沢サイエンスオフィス／編　学習研究社
「イヌ・ネコ　家庭動物の医学大百科　改訂版」動物臨床医学研究所／編　パイ インターナショナル

第六章◉がん

正しい知識と知恵で対応する

Notes in the margin

Watch

第一章◉アレルギー・皮膚病

きみのカイカイなくしたい

A

残念ながら、本当です。フレンチブルドッグは、ほかの犬種に比べるとアレルギー体質の犬が多くみられます。

アレルゲンに対するアレルギー反応とは、炎症やかゆみなどが生じること。皮膚に炎症やかゆみが起きることもあれば、腸管アレルギーの症状で下痢が起こることもあります。

フレンチブルドッグが下痢を起こしているとき、アレルギー体質が関係しているケースも少なくありません。

アレルギー特有の症状が皮膚に現れた場合、皮膚炎になります。アレルギー性皮膚炎には、アトピー性皮膚炎、食餌性皮膚炎、接触性皮膚炎などがあります。

アトピー性皮膚炎の発症には、遺伝的な体質との関連性も否めません。フレンチブルドッグをはじめ、柴犬、ウエスト・ハイランド・ホワイト・テリア、ワイアーヘアード・フォックス・テリア、ゴールデン・レトリーバー、ラブラドール・レトリーバーなど、発症しやすい犬種が見ら

「アレルギー」について飼い主さんに訊きました

Notes in the margin

◉ひめが6カ月くらいのときに、初めておしりの付近に1センチほどの毛虫症（水疱）ができたので近所の獣医さんに診てもらい、注射器で水を抜き薬剤を注射してもらいました。初めてブヒを飼い始めた頃なので、獣医さんから「フレンチブルドッグは皮膚が弱いから気をつけて」と言われ

Q01 フレンチブルドッグにはアレルギーや皮膚トラブルが多いのは本当?

れるからです。

もともとアレルギー体質であったり、皮膚のバリア機能に異常があると、アトピー性皮膚炎を発症しやすいと考えられています。

とくに、若年のうちから外耳炎にたびたび罹患する場合、アトピー体質を持っているケースが多いともいわれるので、頭に入れておくとよいでしょう。アトピー性皮膚炎を早期に発見でき、悪化させる前に治療を開始できる可能性が高まります。また、早いうちからアレルゲンを特定したり、アレルギー体質の改善に取り組めば、アトピー性皮膚炎を発症しないで済むかもしれません。

るまで、皮膚が弱いという知識がまったくなく、たまたま水疱ができたのだと思っていたので驚きました。その後札幌から地方に転勤となり、今度はじん麻疹が出たので病院で診察してもらうと、アレルギーで発疹が出ているとのことでした。まだ1歳だったので抗生物質等は使用せず、食事の変更（市販のドックフードから病院の低アレルギーのフード）と塗り薬で対処していました。ところが、最初の頃は改善の兆しがあったのですが、また全身に水疱ができたり指の間が腫れるようになったので、水疱を抑えるため毎日抗生物質（錠剤）を投与し、水疱が無くなったところで一日おきに投与、その後は二日おきに投与していました。冬場になりアレルギーがおさまったかと思いましたが、春になり散歩の機会が増

A

もともとアレルギー体質である可能性も少なくない、フレンチブルドッグ。アレルギーを持つ犬の場合、アレルギー性皮膚炎にかかりやすいのは必然的といえるでしょう。

日本で最も歴史のあるペット保険を取り扱う会社の統計によると、そもそもフレンチブルドッグは皮膚疾患の罹患率がトップの犬種です。

皮膚疾患のなかでも、膿皮症は、純血種ではフレンチブルドッグが罹患率1位となっています。

ちなみに、シー・ズーやアメリカン・コッカー・スパニエルやブルドッグなどでは罹患率の高い脂漏症は、フレンチブルドッグではそこまで高確率で見られる皮膚病ではありません。

特定の犬種に好発する傾向のあるアトピー性皮膚炎にも、フレンチブルドッグはかかりやすくなっています。

食餌性のアレルギー性皮膚炎では、アレルゲンとなる食物を摂取した直後から局所的にかゆみを生じるものから、

えるとまた水疱ができるようになり、夏場は抗生物質を投与するようになりました。5歳になって転勤で札幌に戻ったとき、ネットで近所の動物病院を検索し、新しいかかりつけの病院を決めて通い始めました。前の病院からの紹介状を見せると「抗生物質は即効性があり完治したかのように見えるけど、また症状が出ると抗生物質が効かなくなるので、これからは体質改善をしていきましょう」と言われ、イムロースというオリゴ糖を投与するようになりました。その後は、春先になるとまた水疱ができるもののそれまでとは違い症状も軽くなったので、余程ひどい場合には抗生物質を一週間投与することもありましたが、3年前に比べて格段に良くなっていると思います。イムロースは犬によっては効かない場合もあるよ

Q02 フレンチブルドッグが、とくにかかりやすい皮膚病を知りたい

全身的に長期にわたって皮膚炎を生じるものまで、その症状はさまざまです。

散歩中に接触する植物、口に触れる食器やおもちゃ、化繊やウールの毛布やカーペットなどにアレルゲンがあると、接触性のアレルギー性皮膚炎になります。

フレンチブルドッグに限りませんが、ノミの唾液によるアレルギー反応で生じるノミアレルギー性皮膚炎にも要注意です。ただし、温暖期に外用薬でのノミの寄生予防を怠らなければ、罹患の心配はありません。

皮膚炎は、アレルゲンだけが原因とは限りません。ホルモンの分泌異常が原因となる内分泌疾患である、クッシング症候群などでも、脱毛といった皮膚の症状が見られます。ただし、内分泌疾患の多くは中～高年で発症する確率が高いのも特徴で、血液検査などで甲状腺の機能を調べることでわかります。

うですが、うちのひめの体質に合っていたようです。その他にはおやつ等も無添加のものを選ぶようにしています。（北海道／ひめ・5歳♀）

●うちのゴンはもうすぐ9歳になる男の子です。初めて皮膚トラブルがあったのは他のブヒちゃんと違ってちょっと遅く、2歳半くらいのときに急にでした。毛が抜け始め、あっと言う間に体全体が点々ハゲになってしまい、自分のうしろ足で掻けるところは掻いて血が出ちゃったりしていました。おでこや目のまわりも毛が抜けてハゲハゲになり、体のあちこちにぶつぶつも……うちのゴンはブリンドルなのですごく目立っていました。ブヒ仲間のおすすめで皮膚専門の病院に行ってアレルギー検査をしたら、食べ物では羊肉、他にダニ、ハウスダストがアレルゲンとの結

A

愛犬の皮膚病に飼い主さんが最初に気づくきっかけは、「かゆがっている」、「発疹がある」、「脱毛がある」、「フケが出ている」といった状態が多いでしょう。

とくに、かゆみがある場合、患部を舐めたり噛んだり、後脚で引っ掻いたり、地面や壁に体をこすりつけたりする動作が愛犬に見られるので、発見しやすいものです。

かゆがっていると、ついアトピー性皮膚炎を真っ先に疑うかもしれません。確かに、フレンチブルドッグのアトピー性皮膚炎の発症率は全犬種のなかで最も高いほうです。けれども、かゆみを伴う皮膚炎はほかにもあります。かゆみが出ない皮膚炎もあります。初期症状だけを見ても、皮膚炎には次のように多くの種類と違いがあるのです。

アトピー性皮膚炎の場合、とくに目や口のまわり、足先に症状が出やすいのが特徴です。かゆみを伴う患部を犬が舐めたり引っ掻いたりするので、皮膚が赤みを帯びたり、フケが出たり、被毛が薄くなったりします。アトピー性皮

果がでました。初めはひどかったので病院からステロイドの薬と漢方を一緒に処方され服用しました。以後も免疫力をアップする漢方をしばらくずっと飲ませました。食事は病院からすすめられた市販の療法食を食べていました。小さいときからあまり食べない子だったので、療法食のカリカリを食べるのが大変でしたが、1年くらいで療法食はやめて手作り食に変えました。食べ物を1つずつ試し、カイカイやぶつぶつが出ないか確認して食べられる物を増やしていきました。今ではご飯はもちろんおやつも全部手作りしています。他にもダニやハウスダストに反応が出たので、家の中の掃除をこまめにしたり、空気清浄機を24時間つけたりしています。他の病気（ヘルニア）もあったので、鍼灸治療やホメオパシーなど

Q03 初期症状に気づいたときの皮膚病の見分けかたを教えてください

膚炎よりも先に、外耳炎を発症する例も少なくありません。

皮膚の細菌感染で発症する膿皮症の場合は、ポツポツとした赤い発疹が見られます。高温多湿の時期に症状が出やすく、アトピー性皮膚炎による舐め壊しや掻き壊しが引き金になることも。とくに短頭種では、口のまわりや顎の下などが好発部位です。強いかゆみを生じるので、犬が掻き続けて患部が短期間で脱毛するケースもあります。

マラセチアという真菌に感染して起こるマラセチア皮膚炎は、脇、股、指の内側といった皮膚が重なりあう部位が赤くなります。耳道に発症して、外耳炎の原因になる例もめずらしくありません。

膿皮症もマラセチア皮膚炎も感染によって起こる皮膚炎ですが、ほかの犬にうつる心配はなく、抗菌シャンプーなどによる治療が可能です。

一方、ほかの動物や人にもうつる皮膚炎が、カビが原因となる皮膚糸状菌症です。初期には小さな円形の脱毛が現

自然治癒力を高める治療をチョイスしてやっていました。今は前のようにひどく出たりすることはありません。アレルギーには何年も付き合っているので、それなりにノウハウもできたと思います。いろんな薬用シャンプーを試し、ゴンに合うシャンプーも見つけたし、日頃の手入れも自分流でやっています。あとはやっぱりブヒ仲間とのコミュニケーションは大事だと思います。お互いの情報交換で新しい発見があるからです。ブヒたちがみんな健康で幸せな毎日をおくって欲しいです。

（東京都／GON・8歳♂）

●ゾフィは10カ月のときに我が家に来ました。その際、ショップで「この子はアレルギーがあります。だからおやつをあげていません。フードもこの子だけはラムベースです」と言われました。そして

A

れ、フケや赤い発疹が見られることもあります。かゆみの有無や強弱には個体差があります。内服と外用での抗真菌薬による治療を中心に、抗菌シャンプーの使用、毛刈りや生活環境の消毒など、罹患犬の完治とほかへの感染予防のために必要な対策は容易ではありません。早期発見による早期治療が重要になります。

イヌヒゼンダニの寄生が原因になる犬疥癬《かいせん》も、犬から犬へと伝染します。腹部の赤い発疹や、耳の縁や肘にフケが出るのが特徴的で、強いかゆみを伴います。

成犬同士の接触で伝播する心配がほとんどないのは、犬の毛穴に常在しているニキビダニによる毛包虫症（アカルス）です。初期にはかゆみはありませんが、若齢や高齢の犬での発症が多いことや、口や目の周囲の脱毛で早期発見が可能かもしれません。全身に病巣が広がる前に治療を開始すれば、症状の改善や完治が期待できます。

ノミ、マダニ、シラミ、ハジラミの4種の寄生虫に関す

「他の子には使わないから」と、10キロのラムフードと一緒に我が家に来ました。「何のアレルギーですか?」と聞いてみましたが、「さあ」と言われました。ただ、おやつをあげたら赤くなったということでした。その後、別に何を食べさせても何の症状も出ないので、気にもしていませんでした。しかし2歳になったとき、脇の下に赤い斑点ができたので病院に行ったところ、「念のためにアレルギー検査をしておきましょうか」と言われ血液検査をしたら、ダニのみに突出して高い値が出ました。「残念ながらアトピーですね」との診断。「アレルギーなら避けることもできますが、アトピーは一生のお付き合いです」と宣言されました。夏になると湿疹が出ます。ただ痒がることは無いので、おかしいなと思ってい

Q03 初期症状に気づいたときの皮膚病の見分けかたを教えてください

る皮膚炎は、皮膚に直接垂らすタイプの外用薬によって予防できます。

ホルモンの異常によって生じる内分泌性皮膚疾患では、脱毛が主な症状で、中齢から高齢での発症率が高くなっています。クッシング症候群になると、左右対称に見られる脱毛が生じます。ピンク色の発疹が生じることもあります。甲状腺機能低下症で特徴的なのは、尾が黒く色素沈着をして脱毛するラットテイル。その名のとおり、尾がネズミの尻尾のようになるほか、鼻の周囲や背中も脱毛しやすくなります。

いずれにしても、皮膚病は悪化してからでは治療期間が長くなる傾向にあり、愛犬にもストレスがかかります。皮膚に異常が見られたら、できるだけ早く動物病院を受診するようにしましょう。

●0歳のときと1歳のとき、ました。あるとき、あることに気づきました。某公園の川で泳いだあと、必ず湿疹が出ることに。試しに泳いだ後、水をかけて洗ってみました。すると出なくなったのです。アトピーの症状ではなかったようで、湿疹が出ることはなくなりました。顔や脇の下がピンクで、アトピー体質であることは間違いないようなのですが、未だにそれ以上の症状は出ないし、痒がったこともありません。結局、アレルギーと言われて安値で我が家に来て、病院ではアトピーと診断されましたが、何の症状も出ない、とてもラッキーな例です。アレルギーであれアトピーであれ、受け止めて治療していく決意はありましたが、たまたまこんな結果になりました。

（北海道／ゾフィ・6歳♂）

A

アトピー性皮膚炎は、人でも犬でも発症率が高い皮膚病ですが、いまだに全てが解明できていません。

発症する原因として、遺伝的な体質が関連すると考えられており、フレンチブルドッグも発症しやすい犬種といわれています。

アトピー性皮膚炎は、アレルギー性皮膚炎のうちのひとつです。発症への関与が疑われている主なアレルゲンは、室内のダニ、カビ、花粉、食物中のタンパク質など。これらの原因物質に対して免疫が過剰反応してしまうために起こるのです。

また、皮膚のバリア機能に異常があると発症しやすくなります。皮膚に潤いが足りなかったり、皮膚が薄くなっていたりすると、アレルゲンに身体が反応しやすくなるからです。その意味では、すでに皮膚トラブルを抱えている犬や皮膚が生まれつき弱い犬も、アトピー性皮膚炎の発症リスクが高まります。

突然顔が腫れました。また、夏になると身体にポツポツができ、痒そうにしていることが多いです。顔が腫れたときは、ステロイドを処方してもらい飲ませました。原因が不明なので（家の中で突然腫れました）しばらく不安でしたが、2歳以降は一度も腫れる症状は出ていません。夏場のポツポツに関しては、ひどいときには飲み薬を処方してもらいますが、それ以外はシャンプー（普通のもの）をまめにして対処しています。私もアレルギー持ちなので（笑）、気にしすぎないようにしています。

（神奈川県／北杜・2歳♂）

●うちのコは毎朝のブラッシング時の抜け毛、腹部や両脇の下に湿疹があったことから、今から約半年前にアレルギーと診断されました。アレルギー検査をしたところ、食

Q04 アトピー性皮膚炎の原因は？発症しやすい年齢や時期はありますか？

犬のアトピー性皮膚炎に関しては、3歳未満で発症するケースが多いことが知られています。もちろん、3歳以降で発症したり、3歳以前は外耳炎を繰り返し発症してからアトピー性皮膚炎の症状が出てくる犬もいるので、一概にはいえません。

発症すると、高温多湿の時期に症状が悪化しやすいのが通常です。花粉がアレルゲンとなる場合は、春や秋の花粉の飛散時期に合わせて症状がひどくなるケースも。ただし、犬によっては特定の時期とは関係なく、改善や悪化を繰り返す例もあります。

皮膚炎にはさまざまな種類があるので、アトピー性皮膚炎かどうか、まずは獣医師に診察してもらってから、治療プランを立てるようにしましょう。

物、花粉、雑草、ハウスダスト……検査項目の約半分が該当しました。始めは何から手をつけたらいいのかわからないし、一番大きかったのはまさかうちのコがアレルギーになるなんて……という思いでした。今の食事は獣医から処方されているドライフードで、週一回の薬用シャンプーも欠かせません。うちのコは食事以外にもアレルギーがあるので、散歩のときも草木の花粉になるべく触れないように服を着せています。本当はもっとしてあげることがたくさんあるのかもしれませんが、飼い主と愛ブヒがお互いストレスフリーでいられれば、アレルギーとはさよならできるのかもしれませんね。

（福島県／chou chou・3歳♂）

●生後3カ月になる前に家族になったHACHI（ハチ）

A

アトピー性皮膚炎は、アレルギー体質の完全な改善が困難なことや、生活環境の中でアレルゲンを完全に排除するのは不可能なため、完治がむずかしい病気です。

そのため、動物病院では、まず皮膚症状を起こしている原因を探り、それを排除して治るかどうかを見極めることになるでしょう。ダニの寄生、真菌や細菌感染による皮膚炎であれば、適切な治療によって治るからです。

食物性アレルギーが疑われる場合、動物病院で「療法食」だけを数カ月間与えるように指示されるかもしれません。これは、タンパク質を特殊加工したフードや、これまで口にしたことがないタンパク質を使用したフードで、食事療法により数カ月経っても改善が見られないと、食物性アレルギーではない可能性が高まります。

アトピー性皮膚炎は完治がむずかしいとはいえ、放置しておけば膿皮症を併発したり、さらに症状が悪化したりして犬が苦しむことになります。早期に治療を始めて、愛犬

ですが、よく嘔吐する子でした。吐くタイミングは食事してすぐのときもあれば、30分後、2時間後、真夜中…遊んではしゃいでいるときに限らず、スヤスヤ寝ているのに急に吐くこともありました。でもお腹を壊すことはなく、ずっといいウンチでした。病院に相談しても「とても元気で皮膚もきれいだし、体重も順調に増えているので心配いらない」と言われました。ところが……生後半年で6キロになったHACHIはその後体重が一向に増えません。心配になり嘔吐の記録を取るようになり、平均3日に1度以上の頻度で吐くことがはっきりしたので、病院に再度相談。先生からは「皮膚トラブルがまったくないので食物アレルギーの可能性は低いし、消化器系や臓器の疾患が疑われますが全身麻酔での検査になり

Q05 アトピー性皮膚炎の治療法と予防法は？

の苦痛をやわらげてあげましょう。

日々の生活では、可能な限りアレルゲンを排除するように心がけることが重要です。こまめな掃除、花粉などを除去する空気清浄機の活用など。

皮膚のバリア機能については、セラミドという脂質が少なくなると、皮膚細胞の隙間から花粉などのアレルゲンが侵入してアレルギー反応が起きやすくなることがわかっています。そのため、セラミドを配合する保湿ローションの塗布やサプリメントの摂取が、皮膚炎の悪化の予防や改善に役立ちます。

アトピー性皮膚炎の主な治療方法は、ステロイド（副腎皮質ホルモン）投与、抗ヒスタミン剤の投与、減感作療法、犬インターフェロン療法、免疫調節療法です。微生物が皮膚の表面に増殖するのを予防する目的で、抗菌薬や抗菌シャンプーが使用されることもあります。

漢方薬を主選択にしたり、乳酸菌や亜鉛などのサプリメ

ます。短頭種の場合、麻酔のリスクは他の犬種より大きいです。選択するのは飼い主ですが〝元気である〟ので食事を少量ずつ与える、食後は30分～1時間安静に過ごさせる、フードはふやかして消化の良いものを与える、などに注意して生活してみては？」というアドバイスでした。しかし、その後も3日に1度は吐く日々……。知人には「病院を変えてみては？」と言われたこともありましたが、かかりつけの病院には6人の先生と院長がいてHACHIは多くの先生の診察を受けていたので踏み切れませんでした。元気が故、嘔吐しやすいこともふまえて、過度の運動や食べ過ぎに注意して〝嘔吐とつき合うこと〟を選んだ私。でも……2歳を過ぎた2011年8月4日、血混じりの嘔吐。2011年9

A

ントを活用する獣医師もいます。その理由の多くは、肝臓に負担をかける、胃腸が荒れる、免疫力が低下して感染症に弱くなる、ホルモンバランスが崩れる、食欲が増すといったステロイドによる副作用を避けるためです。ステロイドは消炎作用とかゆみを抑える作用はすぐれていますが、あくまで対症療法で根本治療にはなりません。また、投与をやめれば再発する可能性も高くなります。即効性もあり、掻き壊しによる悪化を防げるので、短期間、症状に合わせて上手に使用すれば副作用の心配も少なく効果的です。

抗ヒスタミン剤は、かゆみを引き起こすヒスタミンの働きを抑える作用があります。軽度のアトピー性皮膚炎で使用されるケースが多い、補助的な薬です。

犬のアトピー性皮膚炎の治療では新しいのが、免疫調節療法と、犬インターフェロン療法。ステロイドのように安価ではありませんが、ステロイドより副作用が少ないのが利点です。免疫調節療法では、アレルゲンに過剰反応を示

月、真夜中の嘔吐から吐血。緊急で救急医療センター「ネオベッツ」に走ることに。結果、内視鏡検査の再度やり直しを検討。でも「食物アレルギーの可能性が0ではないなら、血液検査をしてからでもいいのでは？」そう思って先生にお願いしました。ハチの体に負担が少ない検査（血液検査）をして異常が見られないなら、麻酔での再検査にして欲しいと。後日、その検査結果にみんながびっくり。麦、米、大豆、とうもろこし、じゃがいも、鶏肉、豚肉、鱈……にアレルギー反応。皮膚に症状のないとても珍しいケースだと言われました。そうして特別療用食のフード「ヒルズのz／d ウルトラアレルゲンフリー」に変更。でも何故かドライだけだとウンチがゆるく軟便。缶詰だけにすると、ときどき嘔吐。いろい

Q05 アトピー性皮膚炎の治療法と予防法は？

す免疫の働きを抑制する薬を使用します。インターフェロンは犬の体内にもともとある物質で、インターフェロン製剤を注射することで、皮膚炎の症状緩和と、アレルギー体質のある程度の改善が期待できます。

減感作療法は、アレルギーを根本的に解決するための治療法です。アレルゲンを避けるのではなく、体にアレルゲンを慣れさせる方法です。アレルギー検査によって特定されたアレルゲンを、注射によって体内に取り込ませます。決められたタイミングと回数を、動物病院や、場合によっては自宅で飼い主さんが注射しなければならないので手間がかかるのが難点。けれども、強いアレルギー反応が起こらなければ、副作用はほとんどありません。

アトピー性皮膚炎の治療は、長きにわたり付き合っていかなければなりません。愛犬の症状の改善度なども見ながら、愛犬にも飼い主さんにもベストマッチな動物病院と治療法を探す努力も必要といえるでしょう。

ろ試して、今はz／dのドライと缶詰を半々にして、フードを温めて食べさせています。すると嘔吐もすっかり減り、1キロ体重も増えました。今はアレルギーのない牛肉素材のおやつやテスト項目になかった鹿肉を少量ずつ与えて、体の反応を見ています。アレルギー反応が出なかった牛肉でも量を増やすとやはり下痢をします。逆にダメと言われたものでも、まったくダメではないものもあるんじゃないかと、極々少量から試したりもしています。現在もそんな模索中の日々です。
（奈良県／HACHI・3歳2カ月♂　QOO・2歳7カ月♀）

●我が家のサクラは獣医師からアレルギーと診断されたことはないのですが、我が家の経験が少しでも皆様のお役に立てればと思い、投稿させて

A

若齢のうちに外耳炎を繰り返したのち、アトピー性皮膚炎を発症する例は少なくありません。

外耳炎は、耳の入口から鼓膜までの炎症。発症の原因は多様で複雑ですが、アレルギー体質の犬が発症しやすいことでも知られています。アトピー性皮膚炎もアレルギー性皮膚炎のうちのひとつである事実を考えれば、外耳炎になりやすい犬は、アトピー性皮膚炎も発症しやすいのです。

外耳炎の初期症状は、後肢で耳を掻く、頭を地面や壁などにこすりつける、頭を振るといった仕草が挙げられます。

一般的には、耳鏡を用いて耳道内と鼓膜を検査したのち、洗浄、点耳薬の投与といった治療が行われます。それでも改善が見られなければ、細胞診や細菌培養を行って原因を探り、抗生物質や抗真菌剤の投与を行います。

従来の治療法にかわり、注目を集めているのが、ビデオオトスコープ（耳内視鏡、ビデオ耳鏡）療法です。これは、耳道内の異物除去、ポリープやがんなどの生検、鼓膜切開

頂きます。サクラが我が家に来た当初は、指と指の間を始め、いわゆるオマタのところが赤くなっていることや、赤く腫れていることがあってよく舐めていました。（今でも時々ですが、オマタが赤くなっていることもあります）当初はフレンチブルドッグがこんなに皮膚が弱いのを知らなかったので、その都度、動物病院を受診して、抗生物質の錠剤の服用をすすめられるがままに1週間毎日、1日2回服用。その繰り返しでした。薬を服用することで一時的に改善するのですが、その都度、薬を服用させるのはどうなのか、それ以前に根本的に治癒する方法がないか、家内と思考錯誤した結果、サクラの〝食〟について検討する必要があるのではないかと考え、犬の食事に関して勉強を始めました。まずはBUHIに

Q06 アトピー性皮膚炎の発症前にかかるケースもある外耳炎について知りたい

などを行うための検査機器であるビデオオトスコープを用いて、耳の中を洗浄する療法です。洗浄液や薬剤を回収できること、モニターに拡大表示できること、耳鏡では死角になる部分も観察できることなどがメリット。

外耳炎は、予防により悪化を防げる病気でもあります。アトピー性皮膚炎にも共通していえますが、高温多湿な環境を避けるようにしましょう。雨の日は外出を控えたり、エアコンなどを活用して涼しく快適な環境を整えるようにします。逆に、冬場の暖房器具がそばにある場合、耳が温まりすぎるのもよくありません。外耳炎を繰り返す犬では、プールや温泉も要注意です。

食餌性アレルギーが外耳炎の原因になるケースもあるため、食事内容を見直す必要が生じることも。

フレンチブルドッグは外耳炎の好発犬種なので、症状が見られなくても、子犬の頃からビデオオトスコープによる検診を習慣化して早期発見に努めましょう。

も掲載されている手作り食を試していくうちに、体験談から〝オメガ3〟が人にも犬にも良いことを知り、食事に混ぜて食べさせてみました。手作り食を進めていくうちに、安全な食べ物を意識するだけでなく〝水〟も大切なことを再認識しました。当たり前のように思っていた〝水の大切さ〟ですが、水分や油分が少なければ肌も乾燥しがちになり、カサカサするのは人も犬も一緒だということに気づき、サクラの水の摂取量はどうなのか、よく調べてみるとやっぱり少ないことに気づきました。そこから意識的に水分摂取を心がけ、サクラの食事は少量のお肉を炒めて香りづけした後、お水を入れて茹でて、その茹で汁にお肉とオメガ3を入れて、ドライフードを食べさせています。そして就寝前に、最初は半強制的

A

犬にも花粉症はあります。花粉症は、アレルギー症状のひとつなので、草木にアレルギーのある犬ならば花粉症になる可能性もあるのです。

ただし、人のように鼻水やくしゃみといった呼吸器症状が主ではなく、皮膚に症状が出やすいのが犬の花粉症の特徴。犬では、花粉をアレルゲンとするアレルギー性皮膚疾患に、花粉が飛散する季節にかかるという解釈です。

人のような、マスクや花粉対策メガネは犬には装着が困難ですし、そもそも必要ありません。では、愛犬の花粉症対策はどのようにすればよいのでしょうか？

皮膚に症状が出るため、重要なのは、愛犬の皮膚に花粉が接触しないように注意することです。

まず、1日のなかでも花粉の飛散が多い午前の散歩は控えるようにしましょう。散歩コースは、草木の多い場所も避けたほうが無難です。

外出時はウェアを着用させるのも有効です。とくに、ナ

にお水を飲ませていましたが、今ではサクラ自ら、50～100cc程飲んでいます。（夜中に時々水くれ攻撃があって、そのときは250ccくらいを一度に飲みます）結果として、手作り食まがいの茹でたお肉とその茹で汁とオメガ3の組み合わせ、そして就寝前の水分摂取が良かったのか、今では毛艶も良くなりフケも減少し、指やオマタの間が赤く腫れることも少なくなりました。

（神奈川県／サクラ・5歳8カ月♀）

●体（背、腹、腿）に発疹が出ました。フードをアレルギー犬用に変えて、皮膚を清潔に保つため、頻繁にアレルギー犬用のシャンプーをしています。それでもたまに症状が出るので、そのときだけ獣医師から処方していただいた薬を飲ませています。（この薬

Q07 犬にも花粉症はある？どんな症状が出て、どのように治療しますか？

イロン素材など、花粉を通しにくい化繊のウェアを選ぶのがベスト。

外出から帰宅したら、室内に花粉を持ち込まないように、ウェアについた花粉を払ったり、愛犬が身体をブルブルっと震わせるように促します。

室内では、花粉の除去に効果のある空気清浄機などの活用を。ひとつのアレルゲンに反応してアレルギー症状が出ているときは、ほかのアレルゲンにも過敏になりがちです。花粉に加えてハウスダストなどを除去するためにも、こまめに掃除機をかけるようにしましょう。

愛犬の身体は、床拭き用ワイパーのドライシートで乾拭きをすると、花粉が不織布に付着して取れやすくなります。皮膚のバリア機能を損なわない範囲で、ほかの時期よりもシャンプーの回数を増やすように獣医師からアドバイスされるケースもあるようです。

があっているらしく、すぐに症状は治まります）うちのコの場合、痒がらないのが不幸中の幸いでした。シャンプーや入浴も嫌がらないので助かります。

（富山県／イヴ・4歳7カ月♀）

◉我が家の愛娘・きなこは2006年11月23日に生まれ、2007年2月11日に我が家の家族として迎え入れました。そのときもうすでにおでこの辺りにボコボコした小さいニキビみたいなものがいっぱいあり、病院で検査してもらったところ、アカラスと診断され約半年くらい治療して完治しました。安心したのもつかの間、今度は床に顔や体をすりつけたり血が出るほど顔をかくようになり、おなかには蚊にさされた様な湿疹も出て、そのたびに病院に駆け込み、薬（ステロイド）

A

身体にアレルギー反応が起こるメカニズムを、まず説明しましょう。ＩｇＥ抗体と呼ばれる免疫抗体が特定の物質などに反応することで、炎症物質が放出されて、かゆみや炎症といったアレルギー症状が出現します。

アレルギーの原因となる物質を、アレルゲンといいます。人間同様、犬でも、血液検査（ＩｇＥ検査）でアレルゲンを探ることができます。

犬の場合はアレルギー反応が皮膚に出るケースが珍しくないため、皮膚炎の治療の参考に、アレルギー検査を受けてみる価値はあるかもしれません。

検査項目は、牛肉、鶏肉、豚肉、小麦、白米、大豆、ジャガイモといった食物から、草木、真菌やカビ類、ハウスダストなどの吸入物質、コットンやウールなどの肌に触れるものまで多岐にわたります。検査項目が選べる動物病院も少なくありません。

アレルゲンが絞り込めれば、愛犬の食事や飼育環境にお

を処方してもらう……を繰り返していました。薬を飲ませるとそのときは嘘のように治まるのですが、すぐにまた発症します。偏見だとは思いますがステロイドにはどうしても抵抗がありましたし、このまま同じことの繰り返しでは？と不安になり、思い切って病院を変えました。ステロイドに不安があることを主治医に伝えましたが、悪いものではないし犬にとって痒みはものすごくストレスだと言われ、結局また病院を変えるまでに1年程かかってしまいましたが……。そこでは「この子の場合アレルギーではあるけど比較的軽い方なので、アレルギー反応のあるものを徹底的に除去し、フードもアレルゲンフリーに完全に切り変え、アレルギー反応のないものを手作りしトッピング程度に加えるように」と言われま

Q08 アレルギー検査は受けるべき？ どこで受けられ、結果はどう活かせますか？

いてアレルゲンを可能な限り除去するようにと、獣医師からアドバイスを受けるでしょう。場合によっては、減感作療法がすすめられるかもしれません。

ただし、アレルゲンを除去したからといって、皮膚の状態が必ずしも改善するとはいいきれないのも事実。花粉やハウスダストや肉眼で見えない小さなダニなどを、生活環境から完全に排除することは困難だからです。

それでも、食物にアレルギー反応が見られる場合、その食材を除去したフードに切り替えることにより、皮膚炎や腸管アレルギーによる下痢の改善が認められる犬も多数います。食事だけは、飼い主が100%管理できるもの。食物によるアレルギー反応が起きるリスクを回避するためには、アレルゲンの特定は意味があります。

アレルギー検査を受けるならば、結果に過度な期待は寄せず、参考にするくらいの心構えが賢明といえるでしょう。

した。初めの病院ではシャンプーも2週間に1回と言われていたのですが、1週間に2回シャンプー（ノルバサン）するようになり、ハウスダストの反応もすごかったので掃除を徹底したり（速攻でダイソンを購入しました）、草にも反応がすごかったので草むらには近寄らせず……基本的なことではありますが実践しました。その間ステロイドは飲ませていませんが、発疹も出なくなり随分改善されたように感じています。この子の場合、湿度に弱いようで梅雨時に少し症状が出てしまうので、そのときだけアトピカを1カ月程続けて飲ませています。

（宮崎県／きなこ・5歳10カ月♀）

●ボンが1歳を迎えたあたりから、肉球の間をペロペロ舐めて……。気づけば肉球の間

A

脂漏症の原因には、環境要因と遺伝要因があります。

遺伝的な素因が疑われるのは、ウエスト・ハイランド・ホワイト・テリア、コッカー・スパニエルなどです。

環境要因としては、アトピー性皮膚炎や食物性などのアレルギー性皮膚炎に罹患している状態が挙げられ、フレンチブルドッグの脂漏症は主にこのタイプ。脂漏症とは、皮膚の角化の異常や、皮脂の分泌が異常となっている状態をいいますが、アレルギー性皮膚炎などを起こしていると、角化のスピードが正常ではなくなってしまうのです。

皮膚がベタついている場合は油性脂漏症、フケが出て皮膚がカサカサとしている場合は乾性脂漏症。どちらも、かゆみを伴わないケースもあれば、かゆがるケースもあります。かゆがるのは、脂漏症を招く原因となったアレルギー性皮膚炎やアトピー性皮膚炎によるものかもしれません。

たとえ愛犬がかゆがっていなくても、脂漏症の放置は危険です。ベタついた環境を好む菌であるマラセチアが増殖

は真っ赤に腫れて赤黒いカサブタまでできていました。暑くないはずなのに口まわりもずっとピンク色で、おできのようなデキモノまで出現していました。ボンは体の一部分しか症状が出ておらず、先生からも「アレルギーは何かしらあるだろうけど、そんなにひどくないから」と飲み薬とシャンプーの処方だけしかされませんでした。でもどうしても原因を知り、それを取り除いてあげたくて、アレルギー検査をお願いしました。パピーの頃からアレルギーが起こりにくいように、ラムや玄米、またはサーモンなどが主原料の低アレルゲンフードをローテーションしながら与えていたのに、検査で引っかかったのは与えていたフードの原料全てでした！ 世間一般で言われている低アレルゲンなんてまったく関係ないや

Q09 脂漏症は、アレルギー体質が発症原因になるって本当? 症状や治療法を知りたい

し、マラセチア皮膚炎になる可能性が高まります。マラセチア皮膚炎ではかゆみが強いので、愛犬がストレスを抱えることに。脂漏症は、早期発見と早期治療が重要です。

脂漏症の治療には、シャンプー療法が有効です。皮膚の状態の正常化を目的に、3ステップのシャンプー療法がとくに効果的だといわれています。最初のステップは、皮膚の過剰な脂をクレンジングオイルで除去。次に低刺激・低毒性のシャンプーで洗い流し、最後に保湿を行います。シャンプーをしすぎると、皮膚のバリア機能を保つ皮脂を取ってしまうため、もともと人間より薄い犬の皮膚がさらに弱くなる危険性があります。いずれにしても、脂漏症では、通常のアトピーのスキンケアと治療に加えて洗浄と保湿が重要となります。

シャンプー後は多湿な状態を防ぐためにドライングが大切ですが、くれぐれも、ドライヤーで皮膚を熱しすぎないように。皮膚が温まると、かゆみが生まれるからです。

ん!と驚愕しました。それからはボンがアレルギーを起こさない原料のフードに変えました。劇的に変化したかといえば何とも言えないですが、それでも長い目で見てみるとだいぶ落ち着いたんじゃないかなぁという感じです。でもアレルゲンは食物だけでなく、草花や樹木、ハウスダストなど、どれだけ気をつけていても完璧に取り除いてあげることはできず、今でも(特に夏場は)痒がることが多いです。なので、体の外からはノルバサンシャンプーで毎週1回は洗ってあげるようにしています。フレンチブルドッグは、みんな少なからず何かしらのアレルギーを持っているような気がしています。確かにアレルギー検査の料金は高いですが、もし余裕があればぜひ一度受けてほしいと思います。検査して無駄なこと

A

膿皮症は、犬の皮膚や粘膜に常在しているブドウ球菌の数が増えることで起こる皮膚病です。

ブドウ球菌の増殖しやすい条件は、高温多湿で不衛生な環境下。日本では、春先から梅雨を経て、初秋ごろまでの発症率が高くなります。

加えて、アトピー体質、アレルギー体質、脂漏体質であったり、クッシング症候群や甲状腺機能低下症などの内科疾患にかかっている犬で、皮膚や粘膜のブドウ球菌が異常繁殖しやすい傾向にあることがわかっています。

アレルギー体質であることもめずらしくなく、遺伝的にもアトピー性皮膚炎の好発犬種であるフレンチブルドッグで膿皮症の発症率が高くなるのも、当然といえるでしょう。

ほかの皮膚病による掻き壊しや舐め壊しなどが引き金となって、ブドウ球菌の感染が起こる例も少なくありません。

幼齢や高齢など、抵抗力や免疫力が低い犬の発症も要注意です。また、シャンプーのしすぎや肌質に合わないシャンプーはないと思います。

（兵庫県／ボン・3歳♂）

◉魚系ドッグフードから肉系のドッグフードに変えてから、背中やしっぽのまわりにポツポツが出て足裏が赤くなり、よく舐めるようになりました。肉系のフードをやめたら少し落ち着きましたが、小麦にも少し反応するみたいで、アレルギー検査しなきゃダメかなぁと思っていたとき、いつもより顔が腫れていることがあったので病院に連れて行くと、アナフィラキシーショックの手前だと言われてすぐに注射とステロイド3日分を出してもらいました。症状はすぐに治まりました。ただ、まだ若いのでステロイド継続投与はせず塗り薬を処方してもらい、後日、循環TGF検査をしましたが特に異常なく、その後は検査等はしていません。まめに塗り

Q10 フレンチブルドッグの発症率の高い膿皮症はどんな病気? 症状、治療法、予防法を教えて

プーの使用で皮膚のバリア機能が損なわれて、膿皮症になることもあります。

症状で特徴的なのは、ポツポツとした赤い発疹。身体のどこにでも生じますが、短頭種では鼻の頭にだけ発疹が出るケースが多いといわれています。飼い主さんの手で触るとフケのようなものがポロポロと剥がれ落ちたり、膿が出てくることもあります。病気が進行すると、脱毛や、環状のフケが見られるようになります。環状になった病変の中心部は、黒く色素沈着をすることもあります。

発疹は身体じゅうにどんどん広がり、強いかゆみは犬にストレスがかかるので、早期の発見と早期の治療開始が肝心です。春から夏にかけては、愛犬が少しでも身体を掻いていたら、皮膚の状態をチェックしてあげるように心がけましょう。

治療には、抗菌作用のあるシャンプー剤と外用薬の使用を中心に、抗生物質の投与が行われるのが一般的。けれど

薬を塗っています。（見ていないと舐めてしまうのですが……）掃除やシャンプーをまめにしてこれ以上ひどくならないようにしたり、温泉地に行ったときに湯の花で自宅温泉に入れたり、試行錯誤しています。

（群馬県／JacK・3歳10カ月♂）

●アレルギーの診断は正式にはありません。成犬になってから体にやたらぶつぶつができて、その都度受診はしていました。獣医は「そういう犬種だから」とか「かゆがるなら薬出すけど」くらいの回答。そんなもんか……と思っていました。ある日散歩していると、自分もフレブルを飼っているという人がラブを撫でてくれました。「おーおまえもぶつぶつあるんだな」と言いながら。そして、まったくの初対面の私にこの犬種の

Q10 フレンチブルドッグの発症率の高い膿皮症はどんな病気? 症状、治療法、予防法を教えて

A

も、最近では抗生物質が有効ではないブドウ球菌も見つかり、治療に時間を要するケースも出てきています。適切な治療を行えば治る皮膚病ですが、体質による発症要因を考えれば再発もしやすい病気ともいえます。

中高齢で発症した場合は内科疾患の有無を調べるなど、発症原因となっている病気の治療も同時に行います。

自宅では、掃除機をこまめにかけ、ドッグベッドを洗ったり、換気をしたり、除湿機を活用するなど、生活環境を衛生的に保つのも重要です。

注意点を教えてくれました。その中でフレブルはチキンアレルギーが多く、フードを魚ベースに切り変えることやおやつもチキンを使わないことをすすめられました。すぐに実行。答えはドンピシャでした！　いつも体のどこかにぶつぶつがあったのに、もう何年も出ていません。受診回数がすごく減り、最近は予防注射くらいしか病院に行っていません。偶然会った見ず知らずのフレブルのオーナーさんに助けられました〜。医者よりフレブルを深く愛するオーナー同士のほうが、経験や細やかな情報が分かち合えて頼りになるな〜と実感♪　だから、BUHIの記事も貪るように読みます。ブヒを通じてオーナー同士の横のつながりを持ち、互いに悩みを解決できたらいいな〜と思います。
（北海道／ラブ・4歳6カ月♀）

第二章◎下痢・嘔吐

げぼげぼピーピーなんとかしてあげたい

A

下痢の原因はさまざまにあります。食べ過ぎによる軽度なものから、精神的な不安やショック、消化管内異物、アレルギー反応、熱中症、命を脅かす感染症まで。

性格と骨格上、誤飲をしやすいフレンチブルドッグは、中毒や消化管異物による下痢がめずらしくありません。異物が腸に詰まる腸閉塞を起こすと、命に関わるので要注意です。中毒も処置が遅れると死に至る危険性があります。

フレンチブルドッグの慢性的な（3週間以上継続する）下痢で多いのは、アレルギーが原因のもの。食事性のアレルギーで、アレルギー症状が消化管の異常として出ているのです。この場合、動物病院でアレルギー検査（最良なのは、IgE検査とリンパ球検査の2種類を行うこと）をしてアレルゲンを探る一助にしたり、療法食を決められた期間与えて下痢が消失するかを見極めるなど、さまざまな方法で診断と治療を行っていくことになるでしょう。

腸で便を固められない繊維反応性腸症もよく見られます。

プロハンドラー
だからわかる
フレンチブルドッグの
病気解説
（山中健介／LINDAS）

Notes in the margin

熱中症

短吻種で最も気を使うのが熱中症です。真冬以外はオールシーズン注意が必要と言えます。また、暑さに強い、弱いは個体差がありますから、その子に合った限界を見極めることも大切です。

では、どのようなことで個体差が出るのか？　基本的に暑さに弱いと思われる個体は、鼻がよくつぶれ、鼻腔の狭い

Q11 下痢の原因を教えてください フレンチブルドッグの軟便や下痢の傾向は？

腸内で悪い菌が増えたために下痢が続くこともあり、このケースでは、抗菌薬を数週間投与すれば治ります。

食事内容の変更や抗菌薬で改善が見られなければ、炎症性腸疾患が疑われ、免疫抑制療法が必要になります。

フレンチブルドッグに慢性の下痢が見られるからといって、素人判断であれこれとフードを変えるなどの対処法は危険です。下痢の原因によって治療法が異なるので、獣医師による診断は欠かせません。

ほかに下痢で考えられる主な病気は、胃や腸の病気、肝臓の病気、膵臓の病気、慢性腎不全、内部寄生虫の感染症、ウイルスや細菌の感染症、リンパ腫や腹部のがんなど。

軽度な下痢であれば、水分は十分に取らせつつ、1日ほど絶食させると治る場合も少なくありません。けれども、同時に嘔吐や発熱などが見られる場合は、熱中症や感染症など、緊急を要する病気の可能性もあるのですぐに動物病院へ向かってください。

子。軟口蓋といわれる喉の奥の部分が生まれつき肥大している子（軟口蓋過長症）です。重度の場合は手術にて治療が必要になります。そして肥満。この3点は呼吸しづらいので、熱中症で呼吸困難に陥りやすいと言えます。暑さで急にパタンと倒れてしまうパターンです。

睡眠時にいびきをかく子は気道がスムーズではないので、暑さに弱いと判断してよいでしょう。

もう一点、性格的なものが熱中症に影響することも多々あります。興奮しやすく、多動傾向の強い子は自ら体温を上げていきますから、オールシーズン注意が必要になります。運動後は速やかに冷やして、興奮しない状況にしてあげてください。余熱で熱中症に進行することもあります。首、お腹、鼠径部などに、氷

A

はい、そのとおりです。下痢といっても、胃や小腸に異常があるときと大腸に異常があるときでは、症状の現れかたが異なるので覚えておくとよいでしょう。

そもそも糞便中に水分が多く含まれるものが下痢で、液状で形のない水様便だけでなく、形は保っているけれども柔らかい軟便と呼ばれる便も含みます。

大腸性の下痢は、通常は1回あたりの排便量は多くなく、何度も繰り返します。排便の姿勢を取る「しぶり」が見られることも少なくありません。便に粘液が混じる場合もあります。もし大腸内で出血がある場合は、赤い鮮血が便に見られます。

小腸性の下痢の原因は、小腸や膵臓の病気。大腸性の下痢と違い、しぶりはほとんど見られません。排便量は大腸性の下痢と比べると多く、回数は平常時とほぼ同じです。粘液便は見られませんが、膵臓の病気で消化不良が生じていると黄色い脂肪便が見られることがあります。また、胃

水に浸したタオルなどを当ててあげると効果的です。また、冷たい水を口の中にスプレーしてあげるのもよいでしょう。予防的には暑い時期はクールベストを着させて運動させることをお勧めします。熱中症の手前では舌が巻き舌になり、眼をむき出したようになります。飼い主さんの呼びかけにも反応が鈍く、落ち着きがなくなります。倒れる一歩手前ですから、速やかにクールダウンさせてください。万が一倒れてしまった場合は、舌を喉の奥に巻き込まないよう引っ張り出して気道を確保し、先ほどのように冷やした状態で病院へ運んでください。熱中症は命に関わりますし、後遺症が残ることもあります。くれぐれも気をつけてください。

Q12 下痢とひとことでいっても、異常がある部位によって症状が異なるのは本当？

や小腸で出血している場合、便が黒くタール便になります。

下痢が続くと、栄養分を吸収する役割を担う小腸の働きが弱まるため、体重が減少してきます。小腸性の下痢では犬がそれほど苦しそうにせず、回数も増えませんが、早めに獣医師に相談しましょう。

大腸性下痢か小腸性下痢かによって、疑われる病気の種類が異なるのはもちろん、検査の種類も違ってきます。愛犬が下痢をしているときは、受診までの下痢の様子をよく観察しておくのが賢明です。

角膜潰瘍

短吻の出目犬種では、とてもなりやすい病気です。犬同士の遊び、異物混入、草木への接触による外傷や、眼瞼内反症、アレルギーによる刺激で角膜に傷がつき潰瘍状になった状態です。症状としては涙目になり、眼をしょぼしょぼさせ、黒目には白濁が見られます。痛みもあるため、手で擦ったり壁に擦るような仕草をします。早期発見、早期治療であれば点眼薬のみで完治しますが、治療が遅れたり、治療過程が悪いと白濁が残ってしまったり、眼球の内容物が漏れて、最悪なケースでは失明してしまいます。日頃からよく眼を観察し、異変に気付くことが大切です。瞼が内反気味の子やドライアイの子は、日頃から目薬をさしてあげて、清潔で潤いを失わない状態に保つことが予防に

A

感染症が原因で下痢が生じることも多くあります。

自宅に来て間もない子犬が下痢をしている場合、まず疑うのは、精神的な不安から下痢になっているケースと、母犬や犬舎のほかの犬から寄生虫に感染しているケースです。

新しい環境に馴染んでからも下痢が続いている場合、コクシジウム症やジアルジア症の可能性があります。

コクシジウム症は、コクシジウム類に属する原虫による寄生虫感染症。ジアルジアという原虫による寄生虫感染症が、ジアルジア症です。いずれも成犬の多くは無症状であったり軟便くらいの軽症ですみますが、幼齢犬では水様性の下痢が見られ、衰弱してしまいます。

コクシジウム類やジアルジアは、それらに感染している犬の便と一緒に排出されるため、散歩中は同居犬がほかの犬の便に接触しないようにしたり、水たまりの水を飲んだりしないようにして感染の予防に努めましょう。感染した場合は、投薬による治療が可能です。

なります。私の場合はホウ酸水を適切な濃度に希釈したものをスプレー容器に作り置きし、毎日眼に直接スプレーしてあげています。

膝蓋骨脱臼「パテラ」

この病気もフレンチでは多く見られます。後天的（怪我、オーバーワーク）と先天的に膝蓋骨の発育不全、膝蓋骨周囲の組織異常によって脱臼しやすくなる場合と2種類あります。典型的な症状は、歩いたり低速で走っている際に、ケンケンやスキップをするようでしたらパテラの可能性が高いです。しばらく走っているとそれらの症状は消失しますが、一時的に脱臼していたものが元に戻るだけであって、脱臼を繰り返しながら関節に負担をかけ悪化していきます。重度の場合は手術が必要になりますので、おかしいな？

Q13 下痢を起こす感染症の種類は？予防はできますか？

サナダムシ（瓜実条虫）や回虫は、糞便にひも状の成虫がそのまま排出されるケースもめずらしくありません。ほかにも、鞭虫、鉤虫、糞線虫など、とくに子犬で下痢と衰弱が見られる寄生虫感染症が存在します。

これらの寄生虫は、糞便が残っているような不衛生な環境が感染拡大を招くため、子犬を迎える際は衛生的で、母犬への駆虫が行き届いた犬舎を選ぶようにしましょう。

混合ワクチンでは寄生虫感染症は予防ができませんが、ウイルスによる感染症はワクチンでの予防が可能です。

とくに犬パルボウイルス感染症は、治療開始が遅れると幼齢犬の9割が、成犬でも3割近くが死亡する恐ろしい病気です。犬ジステンパーも、免疫力の弱い幼齢犬や老犬では致死率の高い感染症で、下痢に加えて、高熱、嘔吐、最終的には行動異常や痙攣が見られ、麻痺などの後遺症が残ることもあります。

感染症は予防が肝心だと、覚えておきましょう。

と感じましたら受診されてください。

軽度であってもパテラと診断されたら、普段の生活に工夫が必要です。犬同士で遊ばせる際に上に乗られないようにする。ボール投げなどの急激なダッシュ、ブレーキをかける遊びは避けるようにする。滑る足場では絶対遊ばせない、生活させない。これらはいずれもパテラにとって良くないので、飼い主さんが気をつけていただきたいです。加えて、肥満にさせず、後肢（特に膝周囲）の筋肉を鍛えることをお勧めします。簡単な運動法は登り坂を選んだ散歩です。犬が小走り（トロット）程度の速度で、一定のペースでリズム良い散歩にしてください。毎日行わず、2日または3日行って1日休みといった感じで、必ず休みの日を作ることが筋肉の発達とオーバーワー

A

繊維反応性腸症は、フレンチブルドッグの下痢の原因で多い疾患のひとつ。食事に繊維を過剰に加えてあげないと、腸の中で便を固めることができない病気です。

動物病院でさまざまな検査をしても異常が見られない場合は、繊維反応性腸症の可能性があります。その多くで、胃腸薬といった処方薬も効果は示しません。

繊維反応性腸症の犬では、療法食である「w／d」を与えることで下痢が改善するケースが見られます。

繊維を食事に加えれば症状が改善するため、療法食を永久的に与える必要はありません。これまで食べていたフードに、繊維サプリメントである「メタムシル」を追加する方法などもあります。メタムシルとは、オオバコ由来の繊維質が高い割合で配合されたサプリメント。本来は人間用で、犬にも安心して使用できます。フレンチブルドッグの場合は、最初は少量のスプーン1杯分から与え、便の状態を見ながら徐々に増やしていきます。

クにならないためのコツです。

アレルギー疾患

フレンチに限らず犬は何らかのアレルギーを持っています。無症状のものから激しく症状を現すものまでさまざまです。アレルゲン検査を受けても、該当する項目が複数あって、なかなか原因を特定できないといったパターンをよく耳にします。ここでは、私の知る範囲でフレンチによくあるアレルゲン、症状などを書かせていただこうと思います。

まず思い浮かぶのが食物アレルギーですが、肉類や穀物など、特定の食材に反応する場合と、ドライフードの脂分に反応している場合があります。食物アレルギーの場合、症状は日常的な下痢、脱毛、痒みなど、主に腸炎、皮膚炎です。腸炎の症状がある

Q14 繊維反応性腸症とは?サプリメントが症状の改善や予防に役立つのは本当?

ほかに、同じくオオバコ科の植物であるプランタゴ・オバタ（インドオオバコ）の種子の皮殻から精製した食物繊維のサプリメント「サイリウム」や、おからを加えてあげる方法もあります。

ただし、粉末のサプリメントをあげるときは、犬が喉に詰まらせたり鼻息で飛ばしたりしないように、フードにしっかりと混ぜましょう。

また、療法食を与えると、排便量の増加、ポソポソとした便、食糞がしばしば見られますが、飼い主が困らなかったり、こうした現象が現れないのであれば、もちろん、療法食を与え続けるという選択肢もあります。

場合は脂分というより、食材自体に原因がある場合がほとんどです。食事内容を変更するなどして合ったものを探すしかありません。脱毛や皮膚炎は食材がアレルゲンになっている場合もありますし、脂分で反応しているだけのケースも多いです。判断が難しいのですが……。まずは低脂肪分のフードに切り替えて様子を見て、改善されないようなら、魚が主成分のフードにされるとよいと思います。それでもダメなら完全手作り食ですね。ただし、手作り食で正しい栄養価を摂取させるには飼い主さんの勉強が必要になります。指間が赤くなっていたり、顔のシワの間、口元に赤みを帯びていたら脂分が過ぎていると簡単に判断できます。また、夏場は脂分を必要としませんので、予防として夏場のフードを低脂肪にする

A

フレンチブルドッグは、ほかの犬種に比べてよく吐くといっても過言ではありません。

飲んだり食べたりしたものを吐き出す現象には、嘔吐と吐出があります。この2つは、原因となる病気が異なるだけでなく、危険性の面でも違いがあるので区別できるようにしたいもの。

嘔吐とは、胃の内容物を吐き出す現象です。原因は多種多様で、胃腸疾患をはじめ、感染症、肝臓病、腎臓病、中毒症状のひとつとして起こったり、乗り物酔いでなったり、フレンチブルドッグでは興奮しすぎて起こす場合もあります。嘔吐の最大の特徴は、前兆があること。飼い主に助けを求めるように不安そうな顔ですり寄って来る、吐く場所を探してウロウロする、ソワソワと落ち着かないといった行動が見られます。いざ吐くときには、吐くために構えて、腹筋が収縮します。

吐出は、食道の内容物を吐き出す現象。原因のほとんど

のもよいと思います。

食物以外のアレルゲンでよくあるものは花粉と草木です。決まった季節、または緑のある場所に行くと症状が出る。このような場合は何らかの草木や花粉に反応しています。症状は主に体を痒がる、眼を気にする、結膜炎や結膜浮腫になる。顔の皮膚がなんとなく腫れぼったくなり、厚みがあるように感じる。このような症状を持っている子は、飲み薬と点眼薬を常備しておくとよいです。

アレルギーは症状が重いと呼吸がしにくくなったり、ショック状態に陥ることもあるので、とりあえず投薬で症状を抑える必要があります。アレルギーは炎症です。ステロイドが一番効果的です。長期常用する薬ではないですが、急性的なアレルギー症状の場合、ステロイドは即効性があ

Q15 フレンチブルドッグはよく嘔吐を起こしますか? 吐出との違いは?

は、食道の病気です。嘔吐とは異なり、吐く前に前兆となる行動は見られません。伏せていたり座っていたりする犬が、噴出するかのように突然吐き出すこともあります。

　吐出で注意したいのが、吐いた内容物が気管から肺に入って肺炎を起こすこと。誤嚥性肺炎と呼ばれる、吐出の続発症です。命を落とす危険性もあるため、犬が吐出したあとはしばらく様子を観察してください。呼吸する回数が多い、息づかいが大きい、首をのばしてゼーゼーいうなどの異常が認められた場合、誤嚥の可能性があるので急いで動物病院へ。

　嘔吐でも、下痢や高熱などが同時に起こっているときや、中毒や腸閉塞など、命に関わる緊急性の高いケースがあります。吐出との違いを頭に入れておくと同時に、吐く前後の愛犬の様子をよく見ておくことが重要です。

り安全な薬だと思います。

アカラス（ニキビダニ症）

　主な症状は脱毛で、その部分は若干赤みがあります。円形に局所性の脱毛から始まり、悪化すると全身に拡がっていきます。顔面から首、横っ腹あたりがよくできる部位です。ニキビダニが皮膚に寄生することで発症するのですが、ほとんどの犬が寄生していると言われていますので、根本の原因は自己免疫力、抵抗力の低下だと思われます。1歳未満の若齢犬が発症した場合は自然治癒することが多く、成犬で発症した場合は難治性になります。いずれの月齢も獣医での治療法は駆除薬や薬浴になりますが、個人的には若犬での駆除薬はお勧めしません。細菌感染で患部が化膿してしまった場合のみ抗生物質を用いて治療しますが、基本

A

嘔吐という現象は動物の生理的な反射なので、1日に1度しか吐かず、そのまま何日も元気にしているようであれば様子を見るだけでよいかもしれません。

嘔吐が見られる病気で、動物病院での治療が必要になるのは、犬パルボウイルス感染症、犬ジステンパー、肝炎、急性膵炎、急性腎不全、子宮蓄膿症、腹部の腫瘍、悪性リンパ腫、尿毒症、熱中症などです。

消化器の病気では、逆流性胃炎、ヘリコバクター胃炎、炎症性胃炎、消化管内異物、腸閉塞、炎症性腸疾患で嘔吐の症状が現れます。

このうち、予防ができるのは主に次の病気。混合ワクチンの接種による犬パルボウイルス感染症と犬ジステンパーとウイルス性の肝炎、飼い主の管理による熱中症、早期の避妊手術による子宮蓄膿症です。

病院での受診は必ずしも必要ではありませんが、フレンチブルドッグは興奮しすぎが原因で吐く傾向の高い犬種

的には自然治癒を待ったほうがよいと思います。根本は自己免疫力、抵抗力の問題ですから、強い駆除薬でニキビダニを殺虫しても、再びダニに感染すればまた発症します。むしろ、次に発症した場合はさらに症状が重くなるケースが多いように感じます。若い犬でしたら、清潔だけは保ちつつ、自然治癒を待つことをお勧めします。加齢と共に抵抗力が高まることが大いに期待できるからです。不幸にも充実した成犬で発症した場合は、重症化しますし、他に基礎疾患がある場合もあるので、早期に治療を始めてください。

Q16 嘔吐の主な原因と、その予防法などがあれば教えてください

でもあります。一気に飲んだ水や勢いよく食べたフードを、直後やしばらくしてから吐くことも多々あります。このような嘔吐がよく起こるならば、まずは、トレーニングによって愛犬が興奮を抑制できるようにしてあげましょう。興奮する前に、「お座り」や「待て」などで落ち着かせるのが効果的。ドッグランなどで遊んでいるときも、こまめに飼い主のもとへ愛犬を「呼び戻し」て心身ともにクールダウンさせてあげます。

遊んだあとは、少量ずつ水を与えるようにしましょう。早食い傾向ならば、早食い防止食器などが活用できます。

異物誤飲でも嘔吐が起こります。誤飲しがちな犬と暮らすならば、フタ付きのゴミ箱にして、危険なものは片付けるといった環境整備が必須です。あわせて、散歩中の拾い食いを防ぐために「待て」を強化する、「出して」や「オフ」の号令でくわえたものを放すなど、トレーニングを確実におこなっておけば安心です。

フレンチ
ブルドッグ
飼いなら
知っておこう
（山中健介／LINDAS）

Notes in the margin

実は耳が汚れやすい

立ち耳犬種は蒸れないので耳は大丈夫と思われがちですが、フレンチは皮脂の分泌が多く、耳の立ち方の角度がホコリや異物が入りやすい構造になっています。耳の中が汚れてくるとチャームポイントであるバットイヤーが台無しになる恐れも。耳が外側に開いて左右の耳間が広がってしまいます。痒いために擦り付けたり、打ちつけたりして耳血腫になってしまうこともあります。さらに酷いケースでは平衡感覚に支障が出て、頭

A

短頭種であるフレンチブルドッグは、口にしたものをうっかり飲み込みやすい骨格をしています。さらに、好奇心旺盛で興奮しやすい性格も、異物誤飲を招く要因のひとつ。

もし、危険な異物を飲み込んでから1時間以内に動物病院に駆け込めれば、吐き気を催す薬を使用して犬を嘔吐させ、異物を回収できることもあります。ただし、犬の胃の内容物は摂取してから1時間もすると小腸へ移動していくため、嘔吐させる処置は時間が勝負。動物病院まですぐ到着できそうにない場合、オキシドールや塩を飲ませて吐かせる方法もありますが、摂取量の調整が簡単とはいえないこと、物質によっては化学反応を起こす危険性があること、食道を傷つける恐れのあるものは吐かせないほうが安全なことなどから、電話などで応対可能な獣医師の判断を仰ぎながら応急処置を行ってください。

飲み込んでから数日～数年経っても、胃の内部に異物が残留しているケースも少なくありません。その場合、胃炎

を傾け、ふらつきの症状がでます。こまめな耳掃除が予防になるのですが、耳道は直線ではありません。L字になっているため、普通の綿棒やコットンでの掃除では奥に溜まった汚れを取りきれません。獣医師にお願いするのがベストでしょう。

シャンプーとブラッシング

シャンプーは、特に汚れた場合を除き、夏季で週1回、冬季で2週間に1回ほどでよいと思います。濡れタオルで拭いてあげることを日課とすれば、シャンプーは頻繁にする必要はありません。皮脂の取り過ぎはフケ、痒みの原因になるからです。ブラッシングは換毛期ですとラバーブラシ、アンダーコートコームなどを用いますが、普段はタオルで拭いた後に獣毛ブラシで毛の流れに沿ってブラッシ

Q17 命に関わる腸閉塞と異物誤飲 緊急性の見分け方と応急処置法 予防策があれば知りたい

などを起こして犬が嘔吐しがちになることも。犬は空腹時に吐きやすいからと、気に留めないのは危険です。異物が胃の出口である幽門や腸に引っかかったり、糸くずやビニールなどが蓄積して腸を塞いだりすると、腸閉塞になるからです。ほとんどの胃内の異物は放置せず、内視鏡か胃を切開する外科手術で取り除く必要があります。

腸閉塞の初期症状は、繰り返す嘔吐です。水をよく飲むようになったり、下痢を起こすこともあります。そのうち、食欲と元気を消失します。治療が遅れると、腸の壊死や腎臓障害、敗血症などを招いて死亡するリスクが高まります。腸閉塞が疑われる場合は、緊急で動物病院へ。診断には、超音波検査や造影を含むレントゲン検査が有効で、閉塞が確認されればすぐに外科手術を行います。

日ごろから、犬が誤飲しないサイズのおもちゃ選びや環境整備を行うとともに、誤飲する危険性があるタイミングには愛犬をクレートに入れるといった工夫も必要です。

ングしてあげてください。スリッカーブラシ（細かいピンが並んでいるブラシ）は使用しないでください。皮膚に細かい傷がつき、毛穴からばい菌が入りますと毛膿炎や膿皮症になることもあります。ポイントは、必ずコートを湿らした状態でブラッシングすること。スプレータイプのコンディショナー、もしくは水でも構いません。乾いた状態で行うと、滑りが悪いために毛切れや皮膚が摩擦で傷つきます。また、湿っていたほうが無駄毛がまとまりやすく、処理がしやすいかと思います。

無駄毛が多くなると毛色が退色し、くすんだ色になってしまいますので、短毛種のブラッシングは大切。ブリンドルはピッカピカの黒光り、パイドは透き通ったピュアホワイト、フォーンは渋くて深い黄褐色を目指しましょう。

A

好奇心に加えて食欲も旺盛なフレンチブルドッグは、食卓やゴミ箱やカバン内などをあさる危険性が大！

犬と人とでは、中毒を起こす食べ物の種類が異なるので、知らずに与えるのを防ぐのはもちろんのこと、いたずらによって犬が口にしないように万全の対策を講じましょう。

犬が中毒を起こす代表的な食べ物

●タマネギ、ネギ類、ニラ、ニンニク類

犬の赤血球を破壊するアリルプロピルジスルフィドという成分が入っているので、食べると貧血や溶血の原因になります。加熱や加工がなされているものでも、中毒症状につながる危険性があるので要注意。

●ブドウ

少量を口にしただけでも、数時間後から嘔吐や下痢を起

爪切り

足腰が強い方ではないですし、体重もそこそこある小型犬のフレンチ。肝心の足元はきちんとしておきたいものです。爪の手入れがちゃんとできていない子を非常に多く見かけます。地面に爪が当たっているようですと、伸び過ぎアウトな状態と言えます。歩き方に変化が出て、指も変形してくるでしょう。足の握りに厚みがなくなり、指も開いてきます。肘や肩の関節にも良くありませんので、爪は常に短くしてあげてください。よく伸びてしまった爪は切るとすぐに出血し、犬も嫌がります。そうならないためにもパピーの頃から爪切りを習慣化し、爪切り上手な飼い主さん&ブヒちゃんを目指してください。すでに伸びきってしまった子は、根気よく先端だけを切って、少しず

Q18 中毒を起こす危険性のある食べ物の種類は? 中毒の症状も教えてください

こし、重篤な例では腎不全から死に至ることも。レーズンも同様なので、犬には決して与えてはいけません。

◉チョコレート、ココア

犬がある程度の量を摂取すると、テオブロミンという成分により心臓や神経に異常をきたします。呼吸困難、痙攣、ショック症状などを起こす恐れがある食べ物です。

◉キシリトール

犬の血糖を低下させる原因になる物質です。肝臓障害や低血糖症を引き起こす可能性があります。

◉ナッツ類

マカダミアナッツには、運動失調の原因となる成分が含まれています。ほかのナッツ類も多量に摂取しすぎると中毒を起こす危険性があります。すべてのナッツ類は消化に

つ短くしていってください。

爪切りは伸びきる前に切って、先端だけをマメに切ることで短い爪をキープすることができます。痛くなければ犬も嫌がらないので、難しいことではなくなります。

滑りやすい足場で遊ばせない、生活させない

足腰に弱点を抱える子が少なくない犬種です。グリップの利かない足場で遊ばせても何ら運動にならないばかりか、足腰を痛めたり、積み重ねによって関節疾患が悪化する可能性があります。フローリングやコンクリートは滑らないように工夫を施してあげてください。

過度な運動、オーバーワークは禁物

多少の飛んだり跳ねたりは犬も楽しいので仕方ありませ

A

もよくないため、犬には与えないほうが無難でしょう。

◉アボカド

ペルジンという、犬に胃腸炎を引き起こす可能性のある物質が含まれています。

◉生のイカ、タコ、エビ

犬が生で食べると、チアミナーゼという物質による神経障害を起こす可能性があります。

◉生肉

衛生的に管理された「生食用食肉」以外は、生で食べさせないようにしましょう。新鮮な生肉でも、カンピロバクターなどの細菌や肝炎などのウイルスが付着している場合があります。とくに豚肉はトキソプラズマという原虫に感染する恐れがあり、生食には適していません。

んが、段差を飛び降りたり、アジリティのようにアクロバチックな遊び方は極力避けることが望ましいです。ヘルニアの発症、関節疾患の悪化とは深く関係していると思います。また、本来は持久力の優れた犬種ではないので、適度な運動を心がけ、たっぷりと休ませて（睡眠）ください。フレンチによくあることですが、運動させ過ぎて痩せること、後脚を傷めることです。適度な運動に対して十分な休息が筋肉を発達させ、強い身体が作られます。

フレンチブルドッグは暑がりの寒がり

夏はフレンチにとってシーズンオフと考え、遊びや運動はほどほどに、ストレスを感じさせないよう濃密なコミュニケーションで暑い夏を過ごしてください。とても賢い犬

Q18 中毒を起こす危険性のある食べ物の種類は？中毒の症状も教えてください

◉生卵の白身

ビタミンBの吸収を妨げるアビジンが含まれているため、多量に摂取するとビオチン欠乏になります。

◉牛乳

人と違って乳糖の消化酵素が少ない犬にとって、牛乳の過剰な摂取は下痢の原因になることも。チーズやヨーグルトは乳糖をほとんど含有しないため、塩分や糖分が含まれていないものであれば与えても問題ありません。

個体差や食べた量にもよりますが、中毒を起こした場合の症状としては、嘔吐、下痢、よだれ、呼吸困難、湿疹、体温低下、興奮、元気消失、痙攣、運動失調などが挙げられます。重症の場合は命を落とすことも。食べ物を口にしてから、先に挙げた症状が少しでも見られた場合は、早めに動物病院に行くようにしてください。

種ですから、飼い主さんと共に過ごせればインドア生活でも満足してくれます。冬は外出時に服を着せてあげるなど、冷えない工夫をしてあげてください。冷えると痩せる、抵抗力が落ちる、皮膚が乾燥する、血流が悪くなると耳が凍傷になるなど、さまざまな弊害が生じます。

フレンチブルドッグは容姿、体質、キャラクター、どれをとっても個性的です。そこが魅力であり、流行犬種になるのも理解できます。しかし、犬種自体の特質はとてもマニアック。そのような犬種は飼育する上で難しい部分を必ず持っていますから、そのあたりをじゅうぶん理解したうえで、楽しいフレブルライフにしていただけたらと思います。

Watch

犬が誤飲すると危険な植物

犬が口にすると有害な植物をまとめました。
室内やベランダの観葉植物として選ぶ際は注意が必要です。
散歩中に、誤って食べないようにも気をつけましょう。

- アサ
- アザレア（西洋ツツジ、シャクナゲ）
- アセビ（アシビ）
- オシロイバナ
- カルミア（山月桂）
- キツネノボタン
- キバナハウチワマメ（ルピナス、ノボリフジ）
- キバナフジ（ゴールデンチェーン）
- キョウチクトウ
- クサノオウ（ニガクサ、タムシグサ）
- クリスマスローズ
- ゴクラクチョウカ
- コバイケイソウ
- シキミ（ハナノキ、コウノキ）
- シクラメン
- ジンチョウゲ
- スズラン
- セイヨウキヅタ（アイビー）
- ソテツ
- タケニグサ（チャンパギク）
- チョウセンアサガオ
- ツクバネソウ
- ツリフネソウ
- トウゴマ（ヒマ）

- トウダイグサ（スズフリバナ）
- ドクウツギ
- ドクゼリ（オオゼリ、イヌゼリ、ウマゼリ）
- トリカブト
- ニセアカシア（ハリエンジュ）
- ノウルシ（サワウルシ）
- バイケイソウ（ハクリロ）
- ハシリドコロ（ヤマナスビ、ナナツギキョウ）
- ヒエンソウ（チドリソウ、デルフィニウム）
- ヒガンバナ（マンジュシャゲ）
- ヒヨドリジョウゴ
- フィロデンドロン
- フクジュソウ
- フジ
- ポインセチア
- マサキ
- マムシグサ
- ミヤマシキミ（タチバナモッコク）
- モンステラ
- ヤナギタデ
- ユズリハ（ツルノキ）
- ランタナ（セイヨウサザンカ）
- ロベリア
- ワラビ

（※カッコ内は別名）

※参考文献『動物が出合う中毒 意外にたくさんある有毒植物』（（財）鳥取県動物臨床医学研究所／発行）

第三章◎呼吸器の病気

宿命の疾患に立ち向かう

A

フレンチブルドッグは、生まれつき鼻から咽頭にかけて気道が狭くなっているため、呼吸器トラブルが多いという宿命を背負っています。

呼吸とは、酸素を取り入れて二酸化炭素を排出すること。呼吸を行うのが呼吸器で、犬の場合は酸素の取り入れ口である鼻孔から、鼻腔、咽頭、喉頭、気管、さらに肺、胸郭、横隔膜からなります。

フレンチブルドッグに呼吸器トラブルが生じやすい原因には、性格上の問題も挙げられます。運動時や興奮時などは身体が通常より多くの酸素を取り込もうとしますが、短頭種は気道が狭いのでガス交換がうまく行えず、呼吸困難に陥ることもめずらしくありません。とくにフレンチブルドッグは、興奮しやすい性格や、散歩中にリードを引っ張る犬や遊び好きで活発な犬が多いため、短頭種のなかでも呼吸器のトラブルが発生しやすいのです。

フレンチブルドッグがかかりやすい呼吸器疾患には、喉

フレンチブル物語

小太郎との暮らし

Notes in the margin

フレンチブルがやってきた

小太郎がうちに来て2年が過ぎた。最初の頃の苦労が報われて、最近の小太郎は、やんちゃではあるものの「手に負えない」という感じはなくなり、楽しく暮らしていた。でも、この1年は病院に何回も通うことになってしまった。春先には、下痢と吐き気が続いて、何か身体に合わないもの食べさせちゃったかな？と思っていたら、翌日、ヒヅメのかけらを吐いた。結構、大きなかけら。これが原因

Q19 フレンチブルドッグにはなぜ呼吸器のトラブルが多い？ かかりやすい呼吸器疾患は？

頭虚脱、気管虚脱、外鼻孔狭窄、軟口蓋過長症、気管低形成、反転喉頭小嚢があります。このうち、外鼻孔狭窄、軟口蓋過長症、気管低形成、反転喉頭小嚢と、上気道閉塞が見られるなど複数の呼吸器トラブルがあわさると、短頭種気道症候群と呼ばれます。

フレンチブルドッグとの生活では、首輪ではなく呼吸器への負担が少ないハーネスを使用する、興奮をコントロールするためのトレーニングを行う、呼吸がスムーズに行えるような生活環境を整えるといった工夫が必須です。

ただし、呼吸器疾患によって、多湿が大敵なものもあれば、加湿により症状が緩和されるケースも。適切な生活環境を整えられるよう、愛犬が抱える呼吸器トラブルの種類を獣医師に正確に診断してもらうようにしましょう。

だったんだ！　まだお腹の中に残っていたら大変と、病院に連れて行ってレントゲンを撮ったら、幸いお腹の中にはもう残ってなかった。残っていたら開腹手術が必要になるところだった。ヒヅメや歯磨きおやつなどを丸飲みしてしまい、開腹手術するはめになる子は多いという。「誤飲にもくれぐれも注意してくださいね。もし与えるなら目を離さないようにしないとダメですよ！」と先生に言われ、猛反省。硬すぎるおもちゃを噛み過ぎて、歯が割れてしまうこともあるらしいので、気をつけないと……。

梅雨時から夏にかけては膿皮症に悩まされた。脇の下やお腹に赤いブツブツができるのだ。皮膚の抵抗力が低下し、常在菌を含めた菌類が異常繁殖するのが原因で、皮膚の弱いフレンチブルは蒸し暑い季

A

短頭種気道症候群とは、短頭種特有の呼吸器トラブルの総称。外鼻孔狭窄、軟口蓋過長症、気管低形成、反転喉頭小嚢と、鼻道の解剖学的な構造による上気道閉塞が見られるなど、いくつもの呼吸器の病気があわさると、呼吸器の問題が起こりやすくなるのです。

人にたとえれば、風邪や鼻炎の症状で鼻が詰まったまま息をしている状態を、短頭種は継続していると考えればわかりやすいかもしれません。短頭種気道症候群の犬は、鼻呼吸が効率的にできないので、すぐに口で息をしたり、ハァハァとパンティングをしたり、散歩や運動時には、すぐに舌の色が紫色になるチアノーゼ状態を示す犬も少なくありません。興奮すると呼吸困難に陥り、失神してしまうことも。睡眠時には呼吸に異常が生じたり、いびきをかいたりします。いびきは、咽頭気道の閉塞によって起こります。

愛犬に短頭種気道症候群が疑われる場合は、まず、太ら

節に発症する子が多いようだ。抗生物質の飲み薬を処方してもらって、薬用シャンプーで週2～3回シャンプーして治療したけれど、薬を止めたらまたぶり返したりして、すっかり完治したのは涼しくなった頃だった。この夏は特にジメジメしていたので、外耳炎にもなりかけた。ジメジメはブヒの大敵だ。

秋には涼しくなったからと張り切ってドッグランに連れて行ったら、帰ってきてから足を引きずっているような気がしてびっくり。「もしかして、ヘルニア?」と病院に連れて行ったら、診察室から逃げ出そうとスタスタと普通に歩きだした。どうやら走り過ぎて、筋肉痛にでもなっていただけのようだ。でも、フレンチブルは股関節に問題が起きやすいから、油断は禁物だと再認識。普段からソファに

Q20 短頭種気道症候群について生活上の注意点と治療方法などを知りたい

せないように注意しましょう。肥満によって、もともと狭い気道がさらに脂肪で圧迫されて狭くなるからです。まだ呼吸器のトラブルが発生していなかったとしても、呼吸器疾患のみならず生活習慣病を予防するためにも、体重管理は必須です。

トレーニングによる、行動の管理も重要です。興奮させないように、飼い主さんがうまくコントロールできるようになるのが理想的。たとえば、おもちゃを見るとうれしさのあまりジャンプしてしまう犬には、ジャンプしているときはおもちゃを決して与えず、自発的に座ったり伏せたりしたら「よし」といったOKのサインと同時におもちゃを渡すようにします。散歩前にリードを見ると興奮するケースなども同様で、「おすわり」や「伏せ」をさせたり、愛犬が自発的にしてはじめて、リードを装着する習慣をつけておきましょう。なにかと興奮する癖が付く前に、「落ち着く姿勢を取ったら願いが叶えられる」ということを愛犬

は上げない、階段の上り下りはさせない、ジャンプは禁止というのを徹底していこう。

そして、冬。つい最近のこと。夜、寝ようとしていたら、近づいてくる小太郎の顔を見て、びっくり。まぶたが腫れている。アレ？と思いながら見ていると、口のまわりも腫れてきた。手足にもボコボコと蕁麻疹のようなものができていく。痒いみたいでしきりに体を掻くそぶりを見せる。

何？　アレルギー？　番号を控えてあった、夜間対応してくれる病院に連れていき、診察してもらった。やはり何かのアレルギーだろうということで、ステロイドと抗生剤を注射される。夫と「何が原因だろう？」と話し合ったが、特に変わったものは食べさせていないし、いまひとつ原因が分からない。先生によると、食物アレルギーも接触ア

A

に理解させるのが賢明です。散歩では、呼吸器にやさしいハーネスの使用は原則ですが、リードを引っ張らずに歩けるようにしたいもの。ほかの犬に会ったり、ドッグランで興奮してしまっても、「呼び戻し」をうまく多用してクールダウンさせれば、チアノーゼや失神を未然に防げる確率もアップします。

症状が重い例では、外科手術が必要になります。呼吸の状態が悪い場合、一般的には4歳以上から手術で危険を伴うとされるため、可能な限り4歳未満での手術の検討と実施が望まれます。通常は加齢とともに短頭種気道症候群の症状が悪化していくので、フレンチブルドッグであれば、できれば2歳までに呼吸器の状態を検査しておけば安心でしょう。

若齢のうちは咽頭の気道を広げる首の筋肉が発達しているので症状が出にくくても、加齢に伴って首の筋肉が衰えてくると、呼吸がしづらくなります。

レルギーもアレルギー物質に触れてから30分～1時間くらいで症状が出ることが多いらしい。だとすると時間的に食べ物じゃなくて、何かに接触したせいかもしれない。以前、ドッグフードを変えて下痢が続いたこともあったので、今度きちんとアレルギー検査をしてもらおうか。ハッキリした結果は出ないかもしれないけれど、避けられるものは避けてあげないと、またこんな目に遭ったらかわいそう。結果次第では、手作りごはんに切り替えることも考えてみよう。

犬を飼うってこんなに大変なことだったんだと、改めて実感した1年だった。実家で犬を飼っていたとはいえ、私は自分の気が向いたときに散歩に連れていったり、遊んだりするだけで、ちっとも世話なんてしていなかったという

Q20 短頭種気道症候群について生活上の注意点と治療方法などを知りたい

このように呼吸器の状態が悪化していくと、早ければ4歳くらいから、散歩を嫌がる、動きたがらないといった運動不耐が起こります。さらに進行すると、睡眠時には酸欠状態が続くことで、脳に溜まった炭酸ガスの影響で寝起きに立てなくなることも。寝そべると息が苦しくなり、眠れなくなる犬もいます。そのまま放置しておくと、症状は肺や心臓などの臓器へと進行していきます。そうなると、睡眠時のほかにも呼吸に異常が現れるようになり、7〜8歳程度であっても呼吸不全による心停止が起こりかねません。

肺や心臓にまで症状が達していなければ、首に穴を開ける手術を行い、呼吸しやすくさせる例もあります。

フレンチブルドッグにおける呼吸器トラブルは、残念ながら長い付き合いになることが予想されます。飼い主が気をつけられること、獣医師との連携のうえで定期的にチェックや治療をしていくこと、そのどちらをも怠らずに愛犬のQOLを保ってあげたいものです。

ことに、いまさらながら気づく。特に健康管理に関してはすべて母親任せだったと。直面するのは初めてのことばかり。でも、この子が元気でいられるかどうかは私の手にかかっているんだという責任感もひしひしと感じている。

フレンチブルドッグは短頭種であるために、呼吸器に問題が出やすく、全身麻酔の危険性が大きく、実際に麻酔による不幸な事故に見舞われ虹の橋を渡ってしまった子もいると聞く。だからなおさらのこと、麻酔をかけるような状況はできるだけ避けなければならない。それ以外にもフレンチブルが抱えやすい病気やトラブルはたくさんある。この犬種を選択したなら、それらに対処していく知識を蓄え、上手に付き合っていく覚悟を持つという気持ちが大切なんだな、と思った。

A

短頭種気道症候群が原因で起こる病気のひとつが、咽頭虚脱です。

喉頭虚脱は、喉頭軟骨の硬さが失われてくることによって発症します。フレンチブルドッグでは、上気道閉塞が続いたのち、喉頭虚脱へと発展してくるケースが多くなります。

喉頭虚脱の原因となる外鼻孔狭窄や軟口蓋過長を早めに治療すれば、喉頭軟骨の変形を戻せる可能性があります。

内科治療では、ネブライザー療法や粘液溶解剤を内服して、咽頭から喉頭までの粘液浮腫を軽減させる方法があります。この方法によって、気道が広げられるからです。

外科的な治療法には、気管を切開する手術などが行われます。いずれにしても、治療をしないままでは、将来的に窒息を招いて突然死する危険性が否めません。

喉頭から続く気管が狭くなるのが、気管虚脱。動的頸部気管虚脱、原発性気管虚脱、気管気管支軟化症の3種類が

長生きしてよね

小太郎も、もう6歳。気の合わない子にガウガウしちゃうところなんかはそのままだけど、以前のように興奮してなかなかおさまらないといった感じはなく、さすがに落ち着いてきた。小さい頃はあんなに手をやいていたのに、それはそれでちょっと寂しい気もする。顔にも白髪が増えてきた。

私もあんまり慌てたりしないで、いろんなことに落ち着いて対処できるようになった気がする。それは、本で読んだだけの知識で頭でっかちになっていた頃とは違って、小太郎との6年の暮らしで培われた経験がもたらしてくれたもの。フレンチブルはしっぽが短くて意思表示がわかりにくいという人もいるけれど、表情が豊かなので、表情を見ているだけで何を考えている

あり、特徴や治療法がそれぞれ異なるので、正確な診断と治療が重要です。同時に、2種や3種が起こることもめずらしくありません。

まず、動的頸部気管虚脱について。これは、息を吸うときだけ頸部の気管が潰れる状態です。息を吐くときは頸部気管が潰れません。なので、レントゲン検査の際は、息を吐いたときに撮影されたものでは異常が見つからず、誤診につながることも。呼吸器のトラブルは、呼吸器疾患に詳しい獣医師による正確な診断を仰げるようにしましょう。

動的頸部気管虚脱では、いつも口で呼吸をしていたり、喉の周辺で「ガーガー」という音がしたり、興奮時に「ヒーヒー」いったり失神をするなどの症状が現れます。

気管の中央部分が潰れているのが、原発性気管虚脱。動的頸部気管虚脱とは違い、息を吸うときも吐くときも気管が潰れた状態です。興奮時や暑い環境下で、口を開けて呼吸をする際に「ブヒィブヒィ」、「ゼーゼー」という音がす

のか、どんな気分なのかがすぐにわかるようにもなってきた。うまくコミュニケーションがとれて通じ合っているという感覚。それに、小太郎が来てから、家の中で笑っていることが増えた。小太郎と向き合い、何か問題が起きれば悩み、考えながら同じ時間を過ごすことで家族の絆も深まっていった。

小さい頃はしょっちゅう獣医さんのお世話になっていたけれど、最近は、ちょっと皮膚が弱いことを除けば、健康優良児と言ってもいいくらい。でも、これからはより一層、健康管理に注意してあげないといけないと思う。定期的に健康診断を受けさせたいし、免疫力を高めるために手作り食についてももっと本格的に勉強してみようかと思う。筋力が落ちてくるので股関節に負担のかからない行動もさ

A

るのが特徴。「ガーガー」と、ガチョウの鳴き声のような咳が続くこともあります。この場合、鎮咳剤を投与して症状の悪化を防ぎます。気管が完全に潰れているグレード4の重症例では、外科手術や気管内のステント留置を行う必要も生じてきます。

3種目の気管気管支軟化症は、胸腔内の気管や気管支が狭くなる状態。動的頸部気管虚脱とは逆で、息を吐くときに気道が潰れ、吸うときには開きます。

咳をしたときだけ気管支が潰れる状態を気管支軟化症と呼び、この症状が重くなると気管気管支軟化症になります。興奮時のほか、安静時でも「エエーッ」という声の出る咳をするのが特徴のひとつ。うまく痰が吐けないので、苦しそうな咳が続くのです。いったん咳が始まると10分近く続き、とくに夜間や早朝に咳の発作が起こりやすくなります。湿度が低いと気道の内部が乾燥して痰が出にくくなるので、咳が悪化します。加湿器などを活用して、夜間でも

らに徹底していかないと。毎日の歯磨きも忘れないようにしないと。病気になってから病院で治してもらうのではなく、毎日のケアの積み重ねで病気を予防するようにしていきたい。

つい最近、足に小さなできものを見つけた。他の飼い主さんのブログで「肥満細胞腫」になってしまった子の記事を読んだ直後だったので、「もしかして?」と気になってしまい、病院で診てもらったら、ただの脂肪の固まりだとわかって、ひと安心。

「私の気にし過ぎでしたね」と先生に言ったら、

「いや、そんなことないですよ。腫瘍かどうかは飼い主さんが見ても判別できないですからね。気になったときにこうしてすぐ来てくれたほうが、早期発見につながるのでいいことですよ」と言わ

Q21 喉頭虚脱と気管虚脱がフレンチブルドッグには多い？予防法や生活の注意点は？

40〜50%の湿度を保つようにしましょう。

　気管気管支軟化症の発症時期の多くは、中高齢。主には、去痰剤や気管支拡張剤の投薬による内科治療となります。自宅でネブライザー療法を行ったり、人間用に市販されている喉や鼻のスチーム吸入器を使うのも症状の緩和に有効です。

　気管虚脱の予防と治療に欠かせないのは、肥満にさせないこと。肥満の状態が、気道や肺を圧迫するからです。ほかの呼吸器トラブルにも共通しているので繰り返しになりますが、気道に負担が少ないハーネスで散歩をする、興奮させないようにする、興奮してもすぐに鎮められるトレーニングをマスターしておくのも重要です。

　暑い時期の外出は控えると同時に、室内環境も快適に整えてあげてください。

れ、そうだよなと思う。具合が悪くなったときに、その微妙な変化に最初に気づいてあげられるのは、そばにいる私たちしかいないんだから。毎日、スキンシップを欠かさずに、チェックしていこう。とはいえ、過敏になり過ぎることなく、小太郎との暮らしを楽しんでいきたいと思う。フレンチブルの平均寿命は10年程だとも言われているけれど、10歳を遥かに超えても元気に暮らしているブヒもたくさんいる。小太郎にもできるだけ長生きしてほしいというのが、いまの願い。

A

愛犬の様子をよく観察していれば、それが逆くしゃみと呼ばれる発作かどうかがわかります。

ほかの呼吸器疾患で見られる呼吸の異常では、口を開いていることが多く、苦しそうな呼吸や咳が長く続いたりしますが、逆くしゃみ症候群の最大の特徴は、発作時に口を閉じていること。鼻から大きく息を吸い込む動作も特徴的です。突然、くしゃみとも咳ともいえないような「フガフガ」、「ズズー」という音を出しながらの呼吸を始めますが、大抵は数秒～数十秒後には発作的な症状も収束します。

逆くしゃみが起こる原因は、まだはっきりと解明されていません。反射の一種とされており、鼻咽頭の粘膜にある受容体が刺激されることで、息を吸う動作だけに限定される発作が起こると考えられています。逆くしゃみを引き起こす刺激には、冷気や空気中に浮遊する刺激物のほか、鼻汁や鼻咽頭の炎症なども含まれます。つまり、鼻腔内の疾患がある犬や、慢性鼻炎の犬では、逆くしゃみ症候群にな

そんな私の気持ちをよそに、今日も小太郎は、お気に入りの場所で、お腹を天井に向けて、イビキをかいている。でも、そうやって心からリラックスして寝ている姿を見るのが何より幸せだし、愛しいと思う。

他にも、甘えん坊で寂しがり屋なところ。かまってもらえないとすぐにスネるところ。私の体調が悪いと心配してくれる優しいところ。マッチョなボディも、お尻の両側にある渦巻模様も。たぷたぷした口元も。猛烈に臭いオナラさえも愛しいと感じるよ。

この前、夫が小太郎に「おまえ、しゃべれるんならしゃべってもいいんだぞ。別に驚かないから」って話しかけていた（笑）。でも、本当にそう思わせるくらいフレンチブルって、人間くさい。そのせいか、フレンチブルは飼うと

Q22 逆くしゃみ症候群と、ほかの呼吸器疾患との見分け方は? 症状が出たらどうすればよいか

りやすいのです。

子犬期から発症する可能性がありますが、成長すると症状が軽減するケースも少なくありません。

明らかに鼻炎の症状が見られないのに自宅などで逆くしゃみをよくする場合、エアコン、ホコリ、花粉、芳香剤、除菌・消臭スプレー、線香などの刺激物がないかをチェックして、あれば取り除くなどの工夫をしてください。

成犬で、連日にわたって逆くしゃみを繰り返すケースや、1日に何度も発作が生じるケースでは、飼い主が気づかない鼻腔内の異物やポリープがある例も。数日内に、獣医師に診てもらうようにしましょう。

逆くしゃみ症候群そのものは、命を危険にさらすものではありません。けれども、原因物質を除外したり鼻腔内の病気などを治療すれば、犬によっては不安になるかもしれない不快な発作の軽減や消滅が望めるのです。


いうよりも、一緒に暮らすという感覚が強い気がしている。

犬は飼い主を選ぶことができないけれど、縁あって一緒に暮らすことになった私たちを力一杯愛してくれている。これからもたくさんの幸せを与えてあげたいけれど、もしかしたら与えられるほうが多いのかもしれない。

A

春先から初秋ごろまでの高温多湿の時期は、短頭種は要注意です。気道が狭い短頭種は、呼気で放熱するためのパンティングが苦手。そのため、呼吸困難になりやすく、体熱がこもることで熱中症の発症リスクが高くなるのです。

犬は人とは違い、全身で汗をかいて放熱することができません。口から息をするパンティングと、足の裏からのわずかな発汗を頼りに、人よりスローペースでしか熱を逃せない犬たちは、そもそも熱中症にかかりやすい動物です。

フレンチブルドッグの飼い主ならば、夏は日中の散歩を控えて、夜間や曇りの日を選んでいる方も多いでしょう。けれども、呼吸がしづらくなる最大の要因は湿度が高いこと。実際に、熱中症の発生日のデータから、気温の低い日や時間帯でも、湿度が高ければ発症リスクは上がることがわかります。曇天や夜間の散歩だからといって、決して安心はできません。

散歩には、保冷剤などを持参しましょう。信号待ちのと

犬の急性痛ペインスケール

傷みのSOSを受け取る

Notes in the margin

犬は元来、我慢強い動物だと言われています。これは野生時代の名残であり、弱い所を周囲に見せないことで、自分の身を守っていたようです。今は野生の頃とは違い、体に痛みがある場合、犬は飼い主さんにだけは「痛みのSOS」を送るのだとか。

痛みのSOSは、「犬の急性痛ペインスケール」と呼ばれています。これは、実際に慢性痛を抱える犬たちの行動と、飼い主さんのアンケートによって完成したものです。

Q23 高温多湿の時期に注意すべきポイントと熱中症について教えて

きなどに、ガーゼなどに包んだ保冷剤を肢の付け根あたりの鼠径部に数秒ずつあてて、体温の上昇を防ぎます。

室内では、梅雨時からエアコンを活用して湿度を下げましょう。扇風機は湿度を下げる役割は果たしません。留守番時や就寝時も含めて、エアコンを使用するようにしてください。また、上に乗ると身体を冷やす効果がある、アルミ製のマットなどもおすすめです。最近はほかにも多様なペット用冷却グッズが市販されていますが、一部の保冷剤などに使われているエチレングリコールは、誤飲すると腎臓に中毒症状が起こるので危険です。イタズラ好きなフレンチブルドッグにも安心して使えるグッズを選んで、室内に設置するようにしましょう。

もし愛犬のパンティングが収まらず苦しそうな様子であったり、口を大きく開いて「ガーガー」というような音を喉から出すようであれば、早急に体を冷やしてください。室内ならばエアコンの設定温度を可能な限り下げる、水に

動物臨床医学研究所で発足した「動物のいたみ研究会」によると、痛みのレベルは、レベル0の「痛みの徴候は見られない」から、レベル4の「中度から重度の痛み」までの5段階にわかれています。これを見ると、老齢が原因と思われていた行動が、実は痛みのSOSであることも多いようです。もし、どれか一つでも愛犬に当てはまる症状があれば、早急に掛かり付けの動物病院で診てもらうようにしてください。

フレンチブルは、膝蓋骨脱臼、関節炎、椎間板ヘルニア、変形性骨関節症などの、骨や関節の病気が発症しやすいと言われています。

飼い主さんが愛犬のほんの小さな変化も見逃さず、そのSOSになるべく早く気付いてあげること。そうすれば、早い段階での治療が可能にな

Q23 高温多湿の時期に注意すべきポイントと熱中症について教えて

A

浸したタオルを犬の体に巻きつける、保冷剤を鼠径部や脇下に当てるなどの対処を。30分ほど経っても症状に改善が見られなければ、最終手段として水風呂に入れます。

熱中症にかかった場合、呼吸器の症状から次第に悪化していきます。目の充血、よだれを垂らす、発熱、下痢や嘔吐が認められれば、すぐに動物病院へ。さらに症状が進むと、血便、けいれんや失神、多臓器不全に至り、命を落とす危険性が高まります。

高温多湿の時期は呼吸器トラブルと熱中症の予防に努めるとともに、熱中症では初期症状を決して見逃さないことも肝要です。

犬の急性痛ペインスケール

レベル 0	痛みの徴候は見られない。
レベル 1（軽度の痛み）	ケージから出ようとしない。逃げる。尾の振り方が弱い。人が近づくと吠える。反応が少ない。落ち着かない。寝てはいないが目を閉じている。元気がない。動きが緩慢。尾が垂れている。唇を舐める。術部を気にする。ケージの入口に尾を向けている。
レベル 2（軽度～中程度の痛み）	痛いところをかばう。第 3 眼瞼の突出。アイコンタクトの消失。自分からは動かない。じっとしている。食欲低下。耳が平たくなっている。立ったり座ったりしている。
レベル 3（中程度の痛み）	背中を丸めている。心拍数増加。攻撃的になっている。呼吸が速い。間欠的に唸る。震えている。頬に皺をよせる。体に触れると怒る。流涎。横になれない。過敏。術部を触ると怒る。
レベル 4（中程度～重度の痛み）	持続的·間欠的に泣き喚く。全身の硬直。持続的に唸る。食欲廃絶。眠れない。

ります。長時間の放置が疾患の悪化を招いてしまうので、日頃から愛犬を注意深く観察し、「犬の急性痛ペインスケール」を早期発見に役立ててほしいと思います。

第四章◉ヘルニア

予防と対策にまさるものなし

A

ヘルニアとは「正常な位置から飛び出している状態」のことを指します。

フレンチブルドッグやダックスフントがかかりやすいヘルニアとしてよく知られているのが、椎間板ヘルニア。これは、脊髄疾患のひとつです。

神経線維の束である脊髄は、脳からの指令を全身に伝えて、末梢の感覚などの情報を脳に伝える役割を担います。

多くの脊髄疾患の原因は、脊髄が周囲から圧迫されること。その代表が、椎間板ヘルニアです。椎間板ヘルニアといっても、頚椎、胸椎、腰椎のどの部位が圧迫されて飛び出しているかによって症状が異なります。

椎間板ヘルニア以外の脊髄疾患で、フレンチブルドッグがかかる可能性があるのは、脊髄の梗塞、脊髄空洞症など。

多くは3〜6歳で発症するのが、脊髄空洞症です。頚部痛があり、頭や耳を引っ掻く動作、前肢の運動失調や不全麻痺などが見られます。平衡感覚の異常といった前庭症状

「椎間板ヘルニア」について
もう少しだけ
学ぼう

Notes in the margin

おもちゃをくわえて元気いっぱいに遊んでいたのに、急にへなへなと腰に力が入らなくなって倒れ込んだり、ソファから飛び降りたあとに足を引きずっていたりといった症状がみられることはありませんか。もしあったとしたら「椎間板ヘルニア」かもしれません。

Q24 臍《さい》ヘルニアや鼠径《そけい》ヘルニアなどヘルニアについての基礎知識と、脊髄疾患の種類を知りたい

や、脳症状が発現する場合もあります。

また短頭種は、遺伝的に椎骨の奇形を持つケースもまれではありません。奇形の状態によって、片側椎骨や蝶形椎骨と呼ばれます。椎骨の奇形がもたらす脊髄障害は、脊柱管狭窄と椎体不安定症が複合するもので、悪化を防ぐために早期の治療開始が重要です。

脊髄疾患ではないヘルニアでは、後肢の付け根にある隙間部分から臓器が飛び出してしまった鼠径ヘルニアや、いわゆる「出べそ」の状態である臍ヘルニアもフレンチブルドッグで見られます。飼い主が見たり触ったりして、ポコッとした出っ張りに気づいて発見することが多いでしょう。いずれも、成長に伴って自然に治る場合もあるので、幼齢のうちは様子を見る例もあります。けれども、命を脅かす腸閉塞の原因にもなり得るため、放置せずに早めに獣医師に相談するようにしてください。

椎間板ヘルニアは、フレンチブルにとって注意をしなければならない疾患のひとつです。

犬の脊椎は頸部7個、胸部13個、腰部7個、仙椎3個、尻尾から成り立っており、そのほとんどの脊椎骨の間には椎間板があって、背骨にかかる衝撃を吸収する役割をしています。

椎間板ヘルニアは、激しい運動などによって椎間板に力が加わることによって、椎間板の繊維が変形したり、髄核と言われるゼリー状の物質が飛び出すことで脊髄に障害を起こす病気です。椎間板ヘルニアの症状は、首や腰といった日常生活でよく動かす部位に現れやすく、どのような症状を示すかは発症した部位や障害の程度によってさまざまです。痛みだけが現れたり、歩き方に異常がみられたりするほか、障害を受けた脊

A

数多くの椎骨からなるのが、脊椎（背骨）です。椎骨と椎骨の間には、椎間板と呼ばれる軟骨が挟まれています。電車の車両を椎骨に例えると、連結部分が椎間板だと考えればわかりやすいでしょう。椎間板の中心部にはゼリー状の髄核があり、脊椎に加わる衝撃を吸収する役割を担っています。この椎間板の髄核や、髄核を囲む線維輪が、脊髄に向かって飛び出している状態が椎間板ヘルニアです。

椎間板ヘルニアは頚椎（首の付け根あたり）や、胸椎と腰椎の間の日常的によく動かす部分に発症しやすくなります。身体の動きをコントロールしている、脊髄の神経。脊髄のどの部分を椎間板ヘルニアが圧迫しているかによって、当然のことながら現れる症状は異なってきます。

椎間板ヘルニアに共通しているのは、痛みです。なにかの拍子や抱き上げたとき、突然に悲鳴をあげることも。

頚部の椎間板ヘルニアでは首をすくめる姿勢、胸腰部の椎間板ヘルニアでは背中を丸める姿勢をとることが多くな

髄よりも尾側の感覚や運動機能が消失してしまったり、排尿機能が失われたりすることもあります。

最も多くみられるのは、腰が立たない、後ろ足を引きずりながら歩いている、いつもと足の運び方が違うといった症状です。腰が立たない場合には誰の目にも明らかなので気づきやすいのですが、歩き方の異常は「足をくじいちゃったかな？」程度の認識に留まってしまい、見過ごしがちです。麻痺が進行すると、足を上下に動かせなくなったり、両足とも麻痺して動かせなくなったりすることもあるので注意深く観察することが必要です。症状が軽い場合には内科的治療と安静で様子をみることになりますが、症状が続いたり運動機能が消失したりする場合には早急に外科的治療が必要となります。

Q25 椎間板ヘルニアについて発症年齢、原因、症状は?突然なるって本当ですか?

Vertebrae
脊椎

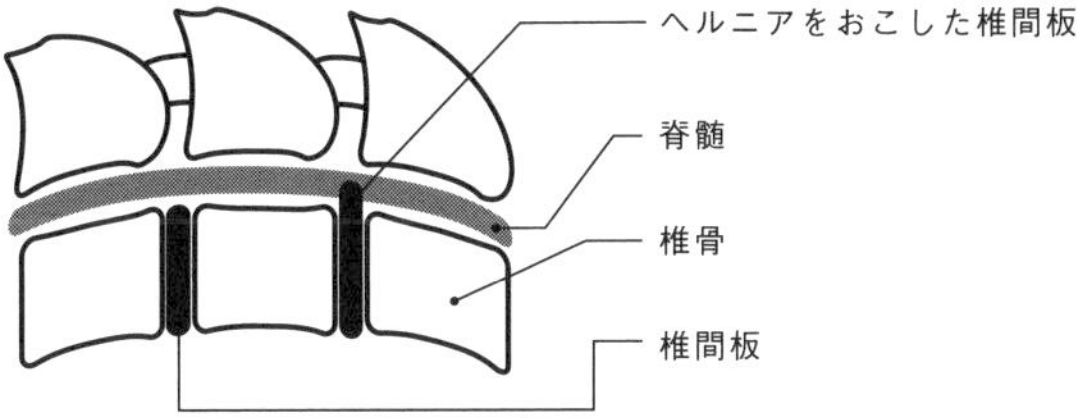

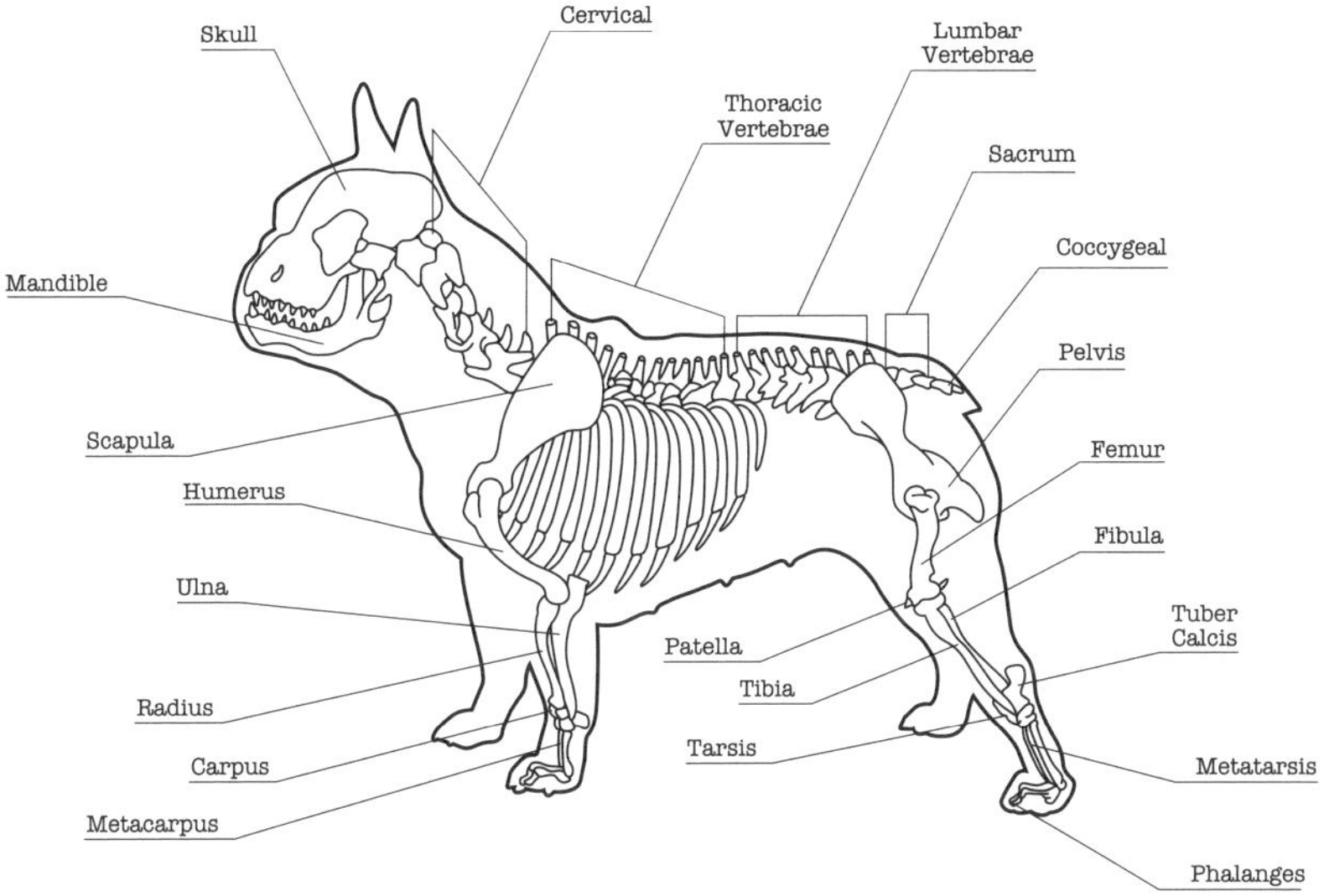

もし、少しでも異常を感じたらすぐに病院に連れて行きましょう。出来れば24時間以内に獣医師に見てもらうことが好ましいのですが、それが難しい場合でも出来れば48時間以内に受診するようにしましょう。処置せずに放置している間にも神経への圧迫は続いており、正常な神経がどんどん壊されてしまっているためです。壊れてしまった神経は残念ながら元に戻ることはないので、ヘルニアの症状が現れた場合は時間との勝負になります。症状が出てからの経過時間により改善率が異なるという報告もありますから、飼い主さんの迅速な判断と行動がとても重要であるといえます。また、椎間板ヘルニアは獣医師側にとっても素早い的確な判断を要する疾患です。かかりつけの動物病院以外にかかることに申し訳なさ

A

ります。これらに加えて、動くのを嫌がる、元気がないといった初期症状の段階で気づければよいのですが、急激に症状が悪化するケースがあるのも椎間板ヘルニアの怖さ。重症化すると、運動失調や麻痺が起こります。

頚部の椎間板ヘルニアではまず、前肢のしびれや歩行障害が見られます。さらに進行すると、四肢が麻痺して歩行が困難になり、起き上がれません。頚部椎間板ヘルニアが呼吸をコントロールする神経を圧迫した場合、呼吸不全による急死の危険性もあります。

胸腰部椎間板ヘルニアでは、後肢の力が弱くなるので、ふらつきながら歩いたり、後肢の足先を引きずった歩行が見られるようになります。足を裏返した状態で立っていることもあります。さらに進むと、自分の力では立ち上がれない、前肢だけで歩くといった状態に。完全麻痺に至ると、自力での排泄が困難になります。

フレンチブルドッグは、ダックスフント、ウェルシュ・

を感じたり、気後れする飼い主さんもいるかもしれませんが、さまざまな治療法を選択、実施することが出来る専門的な施設で治療を受けることも、治療の選択肢のひとつに入れておくことが望ましいと考えられます。

椎間板ヘルニアは、場合によっては麻痺状態に陥ることもあり、犬の生活の質を著しく低下させる可能性をもつ病気です。飼い主さんにとって最も大切なことはなんといっても予防を心がけること。そのために見直したいのは、愛犬の生活環境と日常生活での行動です。

まず、生活環境ですが、滑りやすいフローリングの床は膝や股関節に負担がかかるので、動物用の滑り止めワックスを塗ったり、カーペットやマットレスを敷いてあげるなどして滑りにくい環境を整え

Q25 椎間板ヘルニアについて 発症年齢、原因、症状は? 突然なるって本当ですか?

コーギー、コッカー・スパニエル、シーズー、ビーグルなどと同じで、遺伝的に椎間板ヘルニアを起こす危険性が最も高い軟骨異栄養性犬種です。これらの犬種では、髄核のゼリー状構造が乾燥したチーズ状の物質に変化してしまう、椎間板の変性を2歳くらいまでに起こしやすいことが知られています。この状態で椎間板に強い力が加わると、髄核が線維輪から飛び出して脊髄を圧迫します。これが、ハンセンI型ヘルニアと呼ばれる椎間板ヘルニアで、くしゃみや咳などの日常的な動作や、過度な運動などが発症の引き金になります。多くは3〜6歳までの間に最初の症状が現れます。その後は再発を繰り返しながら、重症化するパターンがほとんど。早期の治療開始が重要です。

もうひとつの、ハンセンII型ヘルニアは、中高齢で発症するケースが多くなります。軟骨異栄養性犬種ではない犬種でも、加齢、筋肉の減少、肥満などによって線維輪が肥厚して脊髄を圧迫して起こります。こちらも、放置してい

てあげてください。次に、愛犬の普段の生活ですが、階段を駆け上ったり駆け下りたり、ソファに飛び乗ったり飛び降りたりしていませんか。活発で元気いっぱいなところが愛らしく魅力のフレンチブルですが、実はこうした少しの段差の上り下りが関節への負担になっています。それほど神経質になることはないかもしれませんが、楽しくなって興奮状態になった犬をコントロールして、危険から回避してあげられるのは飼い主さんだけです。可能ならば、しつけの三大要素である「オスワリ」「フセ」「マテ」を犬がどんなに興奮していても指示できるようにしておくと安心ですし、病気の予防にもつながります。

A

れば徐々に悪化していきます。

椎間板ヘルニアの治療には、温存療法と外科療法があります。

症状が軽い場合は、原則的には温存療法が選択されるでしょう。数週間の安静が必要なので、排泄のとき以外は狭いサークルや立ち上がれるサイズのクレート内で過ごさせます。肥満の犬には減量も、治療のひとつとなります。

すでに後肢を引きずる状態になっている犬では、安静にしても脊髄機能の回復がほとんど見込めないため、外科手術を選択するケースが増えます。後肢や尾の感覚が消失する前に、小動物外科専門医といった椎間板ヘルニアの手術実績が豊富な獣医師による手術を受ければ、98%近い確率で再び歩けるようになります。また、重症化して脊髄が壊死すると、壊死したところから毒素が体中にまわって命に危険がおよぶ可能性も。椎間板ヘルニアは、早期の確定診断と治療開始が大切です。

Notes in the margin

「椎間板ヘルニア」
克服に挑む
飼い主さんのお話
（モア・3歳♀）

病気になったきっかけ

モアはもともと、フレブルに多いとされる背骨の奇形がありました。それがすぐに病気に直結したとは思えませんが、思い当たる原因が他にあります。一年ほど前に引越しした家には階段があり、引越し当初は登ることのなかった階段を半年過ぎたころからか登るようになっていました。初めのころは登らないように物を置いたりしていましたが、全く効果がなかったので、そ

Q25 椎間板ヘルニアについて発症年齢、原因、症状は？突然なるって本当ですか？

手術によって脊髄を圧迫している椎間板物質を取り除いて回復しても、数カ月～数年してまた椎間板ヘルニアを再発するケースが少なくありません。この多くは、最初に発症した椎間板ヘルニアとは違う部位で起こったもの。そこで、とくに椎間板ヘルニアを起こしやすい軟骨異栄養性犬種では、初回の手術時のとき予防的に、椎間板ヘルニアの好発部位の、椎間板髄核を取り除く処置を行うこともあります。

のままになっていました。降りることはできないので、気が付いたら上の階にいるモアを抱いておろしたことが何度もありました。「階段を登る」という動作が、モアの背骨に負担をかけていたのではないかと思っています。

初期症状

当日の午前中にはいつもと変わらない様子でしたが、昼過ぎに急に息が荒くなり、体が震えだしました。ハアハアと辛そうに呼吸をし、途中で喉が詰まるように息切れすることもありました。

具体的な病気の症状

呼吸が荒くなりました。さらに、後ろ足に全く力が入らないようで、歩くことはもちろん立ち上がることもできませんでした。

A

西洋医学を補完するものや、それ以外の医学体系や治療法のことを補完代替医療と呼びます。具体的には鍼灸、漢方薬、指圧、マッサージ、Tタッチ、アロマテラピー、サプリメントなどです。

椎間板ヘルニアになった場合、外科手術以外では通常は椎間板ヘルニアを完治させるのは困難です。けれども、補完代替医療が、椎間板ヘルニアの悪化防止や痛みの緩和に役立つケースもあります。

とくに、椎間板ヘルニアによる起立不能などで、鍼灸治療が効果をあげている例も多々。なかでも、ツボにレーザー光線をあてるレーザー針治療は、針を刺す際の痛みがない、神経質な犬にも使用できる優れもので、導入する動物病院や施設が増えています。手術後の回復の一助としても、鍼灸治療は向いているといわれます。

痛みの緩和には、植物芳香治療であるアロマテラピーが最適です。香りによる癒しやリラクゼーションとは異なり、

自宅での応急処置

あいにくかかりつけの病院が休診の日だったため、急きょ診察可能の病院を探し、急いで連れていきました。

病院での処置

レントゲンを撮り、腰の辺りに痛みがあるため呼吸が荒くなっているといわれました。そして、すぐに投薬などの内科的処置を行うことに。呼吸が安定するよう酸素室に入り、温度管理もしながら入院することになりました。ヒート中だったので、投薬は様子を見ながら行っていただきました。後ろ足については、完全に麻痺しているわけでなかったので、まずは投薬治療で回復を待つことになりました。ですが、予想よりも回復のスピードが遅く、肝臓の数値も悪化してしまったためステロイドの量を減らしてもらいました。

Q26 椎間板ヘルニアになった場合の鍼灸治療、アロマテラピーなど補完代替医療について教えて

メディカル・アロマテラピーという、精油を皮膚に塗ったり飲んだりすることで症状の改善を目指すものを、椎間板ヘルニアに採用する動物病院も少なくありません。愛犬に最適な精油のチョイスを専門家におこなってもらえば、自宅でできるのもメリットのひとつ。一例として挙げれば、ウィンターグリーンの精油で作ったジェルを椎間板ヘルニアの患部に塗布すると、鎮痛効果が期待できます。

筋肉に刺激を与えるマッサージとは違い、神経に働きかけるTタッチを、痛みの緩和のために自宅ケアとして愛犬におこなってもよいでしょう。施術方法を習得するには、専門家に個別カウンセリングを依頼したり、セミナーに参加するなどすれば確実です。

愛犬の性質や症状などを考慮しながら、ベストマッチな補完代替医療を選んで取り組むことで、愛犬のQOLの低下を最小限に抑えてあげたいものです。

併用して肝臓の薬を飲みながら、17日間入院をしました。

その後の自宅でのケア

退院後は、たくさんの薬を飲みながらケージの中で安静に過ごしました。退院時に処方されたのは「プレドニン（ステロイド）、ノイロビタン（ビタミン剤）、アンチノール（関節にいいサプリ）、グリチロン（肝臓薬）、ウルソ100（肝臓薬）」です。肝臓薬は、ステロイドの副作用で肝臓の数値が悪化したため、処方されました。

入院していた病院ではなく、ほかにリハビリ専門の病院があると聞き、通い始めました。そこで自宅でのマッサージやストレッチの指導を受け、今でも毎日2回欠かさず施しています。併用して週1回のペースで病院に通い、水泳や水中トレッドミルをしっかり

A

遺伝的にフレンチブルドッグが椎間板ヘルニアを発症しやすいからといって、飼い主は悲観して、初期症状に注意するだけではいけません。なるべく発症をさせないように、予防策を講じることは可能です。

椎間板ヘルニアを誘発する原因のひとつが、過度な運動です。愛玩犬とはいえ、闘犬であるブルドッグの血や猟犬であるテリアの血が入っているので、パワフルでアクティブなフレンチブルドッグ。ボールを追ったり、ジャンプしたり、走ることが大好きです。だからといって、愛犬の気力を優先して過度な運動をさせると、椎間板に必要以上の負荷をかけることに。とくに、アジリティー競技などでのバーを飛び越える動作や、フリスビーをキャッチするジャンプなどは好ましくありません。着地時に腰に負担がかかるからです。ドッグスポーツを行うならば、健康診断をしたうえで問題ナシとされた競技を選ぶのが鉄則です。

逆に、運動をあまりさせないと筋肉の低下を招き、これもまた椎間板ヘルニアの発症リスクを高めます。好奇心旺

行っています。

現在の回復状況

退院時には全く足が動かない状態でしたが、今はステロイドの服用もなく、後ろ足の太ももの筋肉が戻ってきました。お尻を持ち上げられるようになり、完全ではないものの多少は歩けるようになっています（初めのころは、前足だけを使って、ズルズルと後ろ足を引きずって移動していました）。

回復に効果的だったもの

退院後の自宅でのリハビリが一番効果的だったと思います。毎日続けることで少しずつ筋力を取り戻している気がします。

すべてのブヒオーナーへ

フレンチブルドッグは背骨の奇形がある犬種だけに、へ

Q27 椎間板ヘルニアの予防法や悪化させないために注意するポイントは?

盛で活発なフレンチブルドッグには、運動や散歩が不可欠。ストレス発散と筋肉の維持を目的に、健康上の問題がなければ、適度な運動は継続するようにしましょう。

散歩のときは、飼い主がリードで首輪をぐっと引きすぎないようにしてください。この動作は呼吸器にも負担が大きくなりますが、頸椎の椎間板に無理な力をかけることになるからです。引っ張り癖や踏ん張り癖のあるフレンチブルドッグには、ハーネスの使用が賢明です。

屋外や室内では、階段や段差の昇り降りにも注意が必要です。とくに、降りる際は腰だけでなく股関節や肢にも負担をかけます。フレンチブルドッグとの生活では、なるべく段差の昇降をさせないような環境づくりが重要です。

最後に、肥満も椎間板ヘルニアの大敵です。発症リスクを下げるためにはもちろん、椎間板ヘルニアの悪化を防止するためにも、適正体重をキープできるように若齢のころから心がけましょう。

ルニアには注意が必要です。モアは高いところに飛び乗ったり、飛び降りたりすることはさせませんでしたが、階段を登ることでも背骨に負担をかけてしまうものなのだと実感しました。また、滑る床も負担をかけるようです。毎日の行動をしっかり見守ることが大事ですね。

Watch

肥満にさせない!

呼吸器疾患、椎間板ヘルニア、
生活習慣病……
万病のもと

肥満が発症の引き金になったり、症状を悪化させる病気は、椎間板ヘルニアだけではありません。関節炎、膝蓋骨脱臼、股関節形成不全、短頭種気道症候群や気管虚脱などの呼吸器トラブル、心臓病や糖尿病などの生活習慣病など多数あります。

肥満の原因のほとんどは、飼い主の食べさせ過ぎ。摂取カロリーが消費カロリーを超えると、余分なエネルギーが蓄えられてしまい、体の脂肪が多くなる肥満の状態になります。適度な運動によるカロリー消費も大切ですが、食事量を適切にしていれば、まず肥満にはなりません。

ところが、この「適切な量」に関して、誤解していることも。たとえば、ドライフードのパッケージに記載されているのは、「適正体重」に対する給与量です。本来は9キロがその犬の適正体重であるのに、現在の11キロの場合の給与量を目安にしているのは誤り。また、正しいフード量を守っていても、おやつをしょっちゅう与えていては、1日の摂取カロリーがオーバー気味になります。

おやつは、ササミなどの高カロリーのものは控えて低カロリーのものを選ぶようにするほか、トレーニングのごほうびも工夫しましょう。強化したい課題では、とっておきのおやつを用意してもよいですが、ふだんのレッスンやコミュニケーションの際は、その日に与える予定のドライフードの一部を使ったり、おやつをあげるタイミングを減らすとよいでしょう。

食事をすると代謝がアップして体脂肪が燃焼されやすくなるため、1日の摂取カロリーを小分けにして食事回数を増やすのも効果的。1日4〜6回に分けて与えるのがおすすめです。

肥満かどうかのチェックは、飼い主が見たり触ったりして行いましょう。愛犬を上から見ると緩やかな腰のくびれが確認でき、背中あたりを触ると肋骨が確認できるのが、体脂肪率15〜25%くらいの理想的な体型だといわれています。

万病のもとである肥満の予防は、飼い主が正しい知識を得るのが大切な第一歩!

第五章◉眼の病気

身近にひそむ眼のトラブルを知ろう

A

マズルが短く、目が飛び出しているフレンチブルドッグは、眼の病気になりやすい犬種です。

加えて、アレルギー体質も眼の病気の発生要因のひとつ。アレルギー症状として眼のまわりや眼が痒いと、足でこすっているうちに爪などで結膜を傷つけて結膜炎になる例があります。アレルギー性皮膚炎が原因で、まぶたやその周辺が赤く腫れる眼瞼炎になるケースも見られます。結膜炎と眼瞼炎を併発すると痛みが増すため、まぶたの痙攣や目をパチパチと開閉させる動作が現れることもあります。結膜炎や眼瞼炎の原因は、アレルギー症状だけではありません。細菌やウイルスによる感染症など、ほかにもありますが、犬同士の遊びやケンカや事故などで外傷を受けるといった物理的な要因にも注意が必要です。

犬同士の接触や事故のほか、とくに短頭種では飼い主などが犬の頭を強く叩くことで、眼球がまぶたの外に飛び出してしまうことも。これを眼球の脱出と呼び、無処置でい

病気のこと、
飼い主さんに
訊きました

Notes in the margin

●やはり皮膚が弱いです。食事を手作りにしたのもそれが理由。「BUHI」を読んで手作りご飯を始めました。

●たまに湿疹が出ることがあるのでそれが心配ですね。避妊手術をして、そこからよくなる可能性があると聞き、そう願っているのですが、心配です。

●退屈すると一人遊びで前足を舐めるくせがあるので困ってます。「あ！」という声を出すと、こちらを注目して止めるので、気がついたら声を出すようにしています。少しは舐める頻度が少なくなった

Q28 フレンチブルドッグが要注意の眼の病気の種類は？ 予防法はありますか？

ると眼球の組織が壊死する危険性もあるので、そのような状態になったときは早めに動物病院へ向かいましょう。そもそも、しつけの一環であっても犬の頭を叩くようなことは絶対にすべきではありません。

フレンチブルドッグが生まれつき持っていやすい先天性疾患のひとつには、まぶたが内側に入り込んでいる眼瞼内反症があります。同時に、まつげが内側の眼球に向かって生えている逆さまつげを併発している犬も少なくありません。これらを治療せずに放置すると、さまざまな角膜の病気の原因になるので、子犬期のワクチン接種時などに、眼瞼内反症やまつげの生え方の異常の有無を獣医師に早めに診てもらいましょう。

フレンチブルドッグは、遺伝的に若年で白内障を発症しやすい犬種でもあります。これも、放置すると緑内障や網膜剥離に進行する恐れがあるため、早期発見と早期治療が重要です。

気がします。

●お腹が弱いこと。涙やけがひどいこと。

●肝臓がずっと炎症を起こしているような状態でした。血液検査をして初めてわかったんですが、それから炎症を抑える薬を2カ月飲んでようやく通常の値近くまで下がりました。吐き気もすごく、1日に2回くらい吐いたりしていましたが、病院で特別療法食を食べてから、まったくなくなりました。

●皮膚のポツポツや、涙ヤケ、たまに吐くことですが吐くことはフードを現在のものにしてから落ち着きました。

●顔が痒くて引っかいてしまうこと、ストラバイト再発の心配。

●膝が弱いのでやっぱり心配ですね。アースリスージゴールドを飲ませたり、コラーゲン摂取に鶏手羽のスープを与

A

飼い主の日々の管理の仕方次第で、予防ができる眼の病気もあります。

たとえば、ケンカによる事故。純粋なテリア種などに比べれば犬同士のケンカはそれほど多くないフレンチブルドッグですが、やはり、闘犬の血とテリアの血が入っているだけに、エキサイトするとケンカに発展する可能性も否定できません。多頭飼育の場合、あまり相性のよくない犬同士での争いを回避するために、おやつやフードの扱い方に注意しましょう。ドッグランは、適切な社会化などにより、どの犬とも仲良くできるかどうかを見極めてから利用するのが安全です。実は、犬の攻撃行動は「恐怖心」が大きな原因。愛犬が臆病ならば、近寄ってきた相手を追い払うために攻撃行動に出て争いに発展するケースがあるため、やはりドッグランの利用は慎重に。

キャンプなどに出かけたときは、やぶの中の植物で眼を傷つけやすいので、よく見ておいてあげてください。

えたり、気をつかっています。

●今のところは大きな病気や皮膚病もしたことがなく元気ですが、やはりフレンチに多い関節の病気などは、歳を重ねることを考えると心配です。しかも、時々飛び跳ねるので関節などかなり負担がかかってると思う。

●ジャンプをすごくするので、腰を痛めないか心配。どうしたら、ジャンプをやめさせられるのか?

●舌の色がすぐに紫色になってしまうこと、目がよく充血することが不安です。皮膚の色素沈着も気になります。

●アレルギーがあるので、自然療法で治癒できるよう、食事には気をつかっています。ステロイドの治療はいたちごっこなので、アレルギーを治癒できる電解水や、皮膚を再生する水にアロマを混ぜたりして、自然な方法で治療し

Q28 フレンチブルドッグが要注意の眼の病気の種類は？予防法はありますか？

お手入れ不足が、眼の病気を招く場合もあります。ひとつは、フレンチブルドッグのチャームポイントでもある顔のシワの内部に汚れがたまると、皮膚炎を起こして痒みを生じるため。もうひとつは、目ヤニなどを犬自身がこすり取ろうとして足で目をこすってしまうため。顔まわりを、おとなしく拭かせる犬になるよう、子犬のころからしつけておきましょう。もし眼に異物が入ってしまったとしても、眼を嫌がらずに触らせてくれれば、早期に異物を取り除けるので眼のトラブルが重症化せずにすむこともあります。目ヤニは、固くなる前に取り除いてください。

もし眼の異常に気づいたら、早めに動物病院へ。眼の病気は治療に時間がかかるものが多いので、早期発見による早期の治療開始が良好な予後のカギを握ります。

ています。胃炎は慢性らしいので、食事の時間を空けすぎないように心がけるとか、夜寝る前に生の大根を与えたりしています。

●靭帯損傷。慣れるしかないらしく、病院で出されたサプリメントのみ。皮膚病はノルバサンで3〜4日置きにシャンプー。

●アトピーのため、薬（アトピカ）を服用。肝臓の数値も少し高いので今後が心配。

●顔を触られるのがとにかく嫌いなので（普通の時は全然嫌がらないのですが）シワの間を拭く時や、目薬をさすときは本当に苦労します。長生きしてほしいのでストレスがたまってないかは気をつけています。遊ばせることももちろんですが、とにかくしゃべりかけます。

●うちは朝のご飯を食べません……。フード1カップ弱と

A

フレンチブルドッグは生まれつき、まぶたが内側に入り込んでいる眼瞼内反症を持っていることも。眼瞼の被毛が結膜や角膜に触れて刺激されるため、治療をしないまま放置しておくと、結膜炎、角膜炎、ドライアイを引き起こして、最悪のケースでは失明する可能性があります。できれば子犬のうちに、ワクチン接種のついでなどに獣医師にチェックしてもらってください。もし眼瞼内反症が見つかった場合、症状にもよって若干異なりますが、一般的には外科手術を行うことになるでしょう。

若年性の白内障も、フレンチブルドッグが遺伝的な素因を持っている疾患のひとつ。

加齢に伴って発症する白内障は、7歳くらいを過ぎるとどの犬種にも見られ、水晶体が白濁しても多くは視力を失いません。

一方、若年で白内障を発症した場合、眼の中で強い炎症を起こし、緑内障や網膜剥離やぶどう膜炎になって失明す

トッピングしたものを朝夕あげるのみなんですが、朝は眠たさがいちばんなようで食べません。ただ、さすがに夕方にはお腹がすくようで、がつがつ食べます。朝のぶんも、と思って少し多くあげると、残すんですよね。かかりつけの先生は、お腹が空いたら食べるから、ほっときなさいと言います。甘やかしすぎだと……。

◉肉球の周りをとてもかゆがっています。かなり赤くなっているので心配です。

◉コクシジウムとアカラスで悩んでいましたが、よくなってきました。コクシジウムは食事を変えたらだいぶよくなりました。下痢もしなくなり、最近はコロコロウンチです。アカラスもシャンプーを低刺激のものにして、泥パックのエステなどしたら痒がる様子も少なくなりました。

Q29 遺伝的な要因がある眼瞼内反症と若年性白内障の症状と治療法は?

る危険性もあります。犬の白内障は進行が非常に速く、犬も苦痛を感じるので、早く気づいてあげたい疾患です。若年性白内障にかかっても、初期では犬もふだんどおりに生活するので、残念ながら発見が遅れがち。急に進行すると、白目が赤い、涙の量が増える、まぶしそうに目を細めるといった様子が見られます。幼齢のうちや、愛犬を迎えてすぐの健康なときの黒目の色をよく覚えておくようにしましょう。中高齢の犬でも、若年性白内障を発症するので要注意。こまめに愛犬の黒目を観察して、少しでも白濁していたら獣医師に相談することで早期発見が可能になります。

通常の治療は、症状や病気のステージに応じて必要となる内科的治療をおこなったのち、外科手術を施します。人間同様の超音波乳化吸引術が一般的な手術法です。

●最近、二人で留守にしてしまうと、寂しさからくるストレスでお腹の調子が良くないようです。

●急に皮膚の病気が出てきたので、これ以上ひどくならないように心配しています。手作り食なので栄養面が大丈夫かこれも心配です。料理本を参考にしたりしていますが、著者によって言うことが逆だったり、バラバラなので自分の犬にあったものがどれがいいのかそれにたどりつくのが大変。まだまだわかりませんが……。

●アレルギーが心配です。検査をしようとしたのですが、獣医さんにあまり意味がないのではないかと言われまだまだ検査をしていません。

●肌トラブルです。でもこれは気長につきあっていくつもりです。今は心配ないといわれていますが、今後の呼吸器

A

目が前に飛び出ていて瞬きがうまくできないという構造上の問題や、遺伝性疾患のところで前述した眼瞼内反症が原因で、フレンチブルドッグは角膜の病気になりやすい宿命を背負っています。

涙焼けが増えたように感じたら、ドライアイ（乾性角膜炎）かもしれません。ドライアイは、角膜に酸素や栄養を供給したり細菌感染などから角膜を守っている涙液の量が減少することで、角膜に炎症が現れる病気。若齢から老齢まで、いつでも発症する可能性があります。

涙液が減少する理由として、そもそも涙液の分泌が少ないタイプと、涙液を分泌するマイボーム腺の機能が低下しているタイプに分けられます。マイボーム腺の機能低下の原因の多くは、瞬きのときに上下のまぶたが接触しない不完全瞬目であること。

治療では、前者のタイプには目薬や軟膏による治療が効果を示しますが、後者のタイプは内科的な治療を施して

系統などでなにか出ないか、それが心配です。やっぱりフレンチブルなので。

◉家の中での拾い食いと背骨の奇形が心配です。

◉ハイパーにボール遊びをするので、ボーダーコリーのようなボールキャッチの仕方をされると腰に負担なのでは？と心配です。

◉アレルギーがあるようで、皮膚にできものがよくできます。アレルギーの原因を知りたい。

◉肝臓に負担かからないようにするには何が必要か悩んでいます。

◉アレルギーがあり、掻いてばかりで、掻き壊しが絶えずある。

◉アトピーが食事改善で良くなったけど、たまに出てしまうことが心配。

◉最初から目に傷があったのですが、よく充血しています

Q30 ドライアイや角膜潰瘍など フレンチブルドッグに見られる 角膜の病気を知りたい

もあまり改善されません。不完全瞬目の犬には、上下のまぶたを接触させる瞬き運動を飼い主の手によって行ったり、まぶたをよく温めたりする必要があります。とくに、中高齢以降でドライアイの状態を放置すると、角膜にひび割れが生じるなど重症化する危険性があるので、日常的にこれらを行うのが重要です。不完全瞬目の犬には、正しい瞬きができるようにする手術を実施する例もあります。

さらに、ドライアイが原因で、ぶどう膜炎や角膜潰瘍といった眼病になることも。

ぶどう膜炎は、犬がかなりの痛みを感じる病気です。目をしょぼしょぼさせる、目を細める、白目が充血している、目ヤニの量が増える、まぶたがけいれんするといった症状があれば、ぶどう膜炎が疑われます。ぶどう膜炎が引き金になって緑内障を発症することもあるので、できるだけ早期に発見して抗炎症治療を行う必要があります。

緑内障は犬自身の不快感も強く、視力を失う可能性が大

し、目やにが出やすく、目は弱いのだと思います。

●6歳、膝の関節がゆるいので、将来歩けなくなるのでは……と不安です。

●健康面では1歳半を過ぎてもヒートがこないことへの心配と膝の脱臼の状態を悪化させないことを注意してます。

●大きめのおやつを丸呑みして、吐いてしまう。あごの下をかゆがっている。

●最近よく吐きます。白い泡や黄色い胃液。バリウムx線検査を獣医さんと検討中です。

●アレルギー体質なので体と手足にでる湿疹です。

●フィラリアの採血検査で一緒におこなった健康診断で、ALT（GPT）が少し高めで再検査をする予定になっていること。わんこごはんを勉強しなおして、秋の再検査でのリベンジを目指しています。

A

きいことや、慢性期になると内科治療では効果がないため、決して軽視してはいけません。

角膜潰瘍は、眼瞼内反症やドライアイなどの病気のほか、異物混入、草木への接触による外傷、犬同士の遊びやケンカ、アレルギー症状による痒みで目をこするなど、物理的な刺激も発症の原因になります。

角膜に傷（潰瘍）が発生する病気なので、犬は痛がります。症状としては、目を気にしてこする、目をしょぼしょぼさせる、目が充血する、眼球の表面に白っぽく見える部分がある、目ヤニの量が増えるなど。

早期発見と早期治療ができれば、点眼薬のみでの完治も見込めますが、治療が遅れると、眼球の内容物が漏れて、最悪の場合は失明する危険性もあります。角膜潰瘍のある部分に細菌感染が起こると、状況がさらに悪化する点も要注意です。

治療においては、角膜を再生させるための内科的な治療

●今までは少しのことでも病院に連れて行ったりして、ものすごくナーバスになっていました。でも、私ができることはやって、それでも治らなかったら病院へ……と考えています。ただ、これまで暮らしてきたワンコに比べると、すごく健康に気を使う犬種だなとは思います。

●胃と皮膚が弱いです……。

●悩みだらけです。アレルギーによるハゲが心配……。

●アトピーとの戦い、想像妊娠のせいで気が立っていて同居犬をいじめること。

●椎間板ヘルニアを発症し、とりあえず内科的治療で落ち着いたのですが、再発しないか心配です。

●草を妙に食べたがるので何か胃腸の病気なのか心配。

●アレルギーと不整脈です。アレルギーは草が原因らしく内服で直ります、不整脈は激

Q30 ドライアイや角膜潰瘍などフレンチブルドッグに見られる角膜の病気を知りたい

のほか、外科手術を行うケースがあります。壊れた角膜の構造を元通りに回復させるには、半年以上の時間がかかります。長期にわたって、眼の乾燥を予防する治療を継続しなければなりません。

眼病は、ひとつの眼病が違う眼病への発症要因となるのが恐ろしいところ。無処置のまま過ごすと失明に至る可能性も高まります。日ごろからよく愛犬の眼の様子を観察して、少しでも早く異変に気づいてあげられるようにしましょう。

しい運動はダメとのことです。

◉アレルギー持ちです。赤いプツプツが出来たり、ハゲが出来たり……。

◉軟口蓋と鼻の穴の狭窄をどうするかでずっと検討しています。この呼吸器系の問題で他の子なら問題ないようなことも危険なことが多いようです。現に最近も胃拡張の問題がこの呼吸器系と関係していたようです。

◉もともと関節がずれていて、普段は支障ないのですが、ドッグランなどでテンション上がって駆けずり回ってると少し心配です。

◉夏になると皮膚が弱く、ぽつぽつが出る。

Watch

グルーミング術

眼や皮膚の病気、
椎間板ヘルニアや整形外科疾患など……
病気を予防する!

病気を予防するためには、グルーミングが重要です。フレンチブルドッグに適したお手入れ術を!

◉ブラッシング

ブラッシングによって、不要な毛を取り除き、皮膚の新陳代謝を促進することが健康維持につながります。換毛期はラバーブラシとアンダーコートコームなどを使いますが、通常はタオルで拭いたあとに獣毛ブラシでブラッシングすればOK。被毛を濡らした状態で行い、毛切れや摩擦による皮膚の傷を防ぐのがポイント。

◉眼のまわりのケア

目ヤニを取り除くだけでは不十分です。涙がたまりやすい部分を、目ヤニを取った後や、目ヤニがついていなくても、濡れたガーゼなどでそっとぬぐって清潔な状態を保つようにしてあげてください。

◉シャンプー

皮膚病になっていない健康な状態では、夏場は週1回、それ以外は2週間に1回くらいが目安。皮脂の取りすぎは、皮膚トラブルのもと。濡れタオルで拭くのを日課にすれば、シャンプーを頻繁にする必要はありません。顔のシワの隙間も忘れずに拭きますが、シワの間がジメジメ状態になると皮膚病の原因になるので気をつけましょう。シャンプーのすすぎ時は、薬品が残留しないように要注意。眼や耳に水が入っても心配いりません。ぬるま湯で、しっかりすすいでください。

◉耳そうじ

シャンプー同様、耳そうじのしすぎは皮脂を奪って皮膚のバリア機能を損ねます。耳の表面に茶色っぽい耳垢がついているようであれば、コットンなどで優しくぬぐいます。耳の皮膚は薄いので、傷をつけて外耳炎にさせないよう、ソフトな力で行いましょう。

◉爪切り

伸びた爪は歩行の異常の原因になり、関節疾患や椎間板ヘルニアの発症リスクを高めます。散歩中にアスファルトで爪が削れている犬もいるので個体差がありますが、2週間～1カ月に1回は爪を切るようにしましょう。こまめに爪の先端を切る刺激によって、爪内部の血管が伸びにくくなる効果もあります。

第六章◉がん

正しい知識と知恵で対応する

A

腫瘍とは、簡単にいえば体の表面や体内にできるかたまりのこと。組織や細胞の一部が異常に増殖して、腫瘤を形成したものです。腫瘍には、良性と悪性があり、悪性腫瘍は「がん」とも呼ばれます。一般的には、良性よりも悪性の腫瘍のほうが早く成長するという特徴があります。

人間と比べて、犬では体の表面にできる腫瘍が多いともいわれます。麻布大学のデータによると、犬の皮膚と皮下組織の腫瘍は、腫瘍全体の約3割を占めます。良性の脂肪腫、上皮腫、腺腫から、悪性の肥満細胞腫、腺がん、扁平上皮がんなどです。

口の中にできる腫瘍も、犬では人間より比較的多い傾向にあります。良性の歯肉腫をはじめ、扁平上皮がん、悪性メラノーマなど。良性のものでも、出血をしたり骨を溶かしてしまうので要注意。しこりのせいで食べにくくなり食欲が減退するのは健康上も好ましくないため、手術せず放置することはできません。

病気のこと、飼い主さんに訊きました

Notes in the margin

◉飼い始めたころ軽い皮膚病にかかっていたんですが、今は完治していて病院に行ったことは健康診断以外ではないです。でも、たまに吐いたりすることが続くときがあるので少し心配になっています。食欲が落ちるわけではないので大丈夫かなと思いますが、近いうちに病院にいこうと思っています。

◉去勢を初めてしようと思った時に事前の検査で肝臓が弱っていることがわかりました。今は病院で出された薬を3ヶ月くらい飲み続け、通常の値まで戻りました。今は薬

Q31 腫瘍とがんの違いは? フレンチブルドッグに多いのはどんなものですか?

人間同様、7歳以降の中高齢期に入ると、がんの発症率がアップします。犬の発症ピークは、9～10歳ごろ。

若年で発症するがんで一般的に多いのは、5～7歳で発症するリンパ腫や骨腫瘍です。フレンチブルドッグでは、3歳で肥満細胞腫を発症した例もあります。

犬種ごとになりやすい腫瘍があることが知られていますが、フレンチブルドッグでは、肥満細胞腫のほかに泌尿器系の腺がんが多いともいわれています。中高齢期には、脳腫瘍にかかるフレンチブルドッグも決して少なくはありません。

フレンチブルドッグも含めて、すべての犬で最も発症率が高いのが、メスの乳腺腫瘍です。

若いからと、決して安心できない腫瘍の発生。スキンシップや健康診断などで、早期発見による早期の治療開始によって、愛犬への負担を軽減させてあげるのが肝要です。

を一旦やめた状態なのですが、半年に一回の血液検査をしなければならないので、結果がまだ心配です。

●暑さ、寒さに弱いこと、アレルギー体質なので食事や、掃除にはとても気を使います。

●前足の毛が一部抜けてしまい、直径3センチくらいの円形脱毛になっています。獣医さんに見てもらいましたが、明確な治療法がいまひとつわからなくて悩んでいます。

●検診で、肝臓の数値が悪かったこと。

●ストラバイト結晶、皮膚の湿疹、頻尿が心配。

●靭帯が弱いので、あまり走らせないようにしています。広場に行くと走りたがりますが……。時々、足をかばうのがわかるので心配です。また、胸がやけるらしく、草を食べたがります。ペットショップの犬用の草は細くて食べにくく

A

メスでは腫瘍の半数以上が乳腺にできるほど、犬では多い腫瘍です。犬の乳腺腫瘍の発生率は、人の約3倍です。避妊済みだからといって、安心できません。初回の発情出血が訪れる前に避妊手術をした場合の発生率は0・05％。けれども、2回目の発情出血までの避妊では8％、2回目以降だと26％の発生率に上昇します。2歳半以降になると、乳腺腫瘍の発生率に避妊したかどうかは関係がなくなります。乳腺腫瘍を予防するには、早期の避妊が重要です。ちなみに、人よりも犬のほうが発生率が高く、手遅れになると死亡する危険性のある子宮蓄膿症も、避妊手術によって予防することができます。

乳腺腫瘍は、飼い主が乳房を触ったりして発見しやすいもの。発症のピークは10歳前後ですが、6歳くらいを過ぎたら、しこりの有無をよく確認してあげてください。

良性と悪性の確率は、半々です。悪性であっても、その半数は転移しにくく、手術で切除すれば完治が期待できま

いようです。

◉階段やソファに登らなくなったことがあるので股関節や脊髄の病気を心配しています。

◉脳に異常がある可能性があります。ただ、検査するためには全身麻酔が必要になるので、避妊手術と同じ理由でまだ検査も出来ていません。検査しても原因がはっきりわかるかどうかも分からないのでリスクが高すぎて……。◉子犬の頃、膿皮症によくなっていたので、皮膚アレルギーが今後出ないか心配。

◉散歩するとすぐに呼吸が荒くなって苦しそう……。

◉先天性の背骨の変形＋股関節形成不全気味なので、今は症状がでていませんが、将来が心配です。

◉時々痒がってる時とにきびが出るのがかわいそうですが、ひどい状態ではないです。激

Q32 メス犬の発症率No.1 乳腺腫瘍について詳しく教えてください

す。良性か悪性かは、手術で取り出した組織を病理組織検査に出さなければわかりません。また、良性腫瘍でも次第に大きくなっていくため、他の臓器を圧迫したり、化膿したり、破裂して感染症を起こす危険性もあります。そのため、乳腺に腫瘤が確認できた場合は、外科手術を行うのが一般的です。手術では、乳腺腫瘍だけを部分切除するケースと、乳腺も摘出してしまうケースの2つがあります。部分切除では、侵襲が少ないので愛犬への負担は大きくはありません。ただし、病理細胞検査で悪性腫瘍と認められた場合は再度、乳腺などを摘出する手術が必要になるというデメリットがあります。乳腺自体を残す部分切除術では、乳腺腫瘍が再発する可能性もあります。

　悪性で転移が見られる場合は、抗がん剤治療が必要になってきます。

　乳腺腫瘍が見つかったら、手術の方法や治療の進め方を、獣医師とよく相談して検討していくことも重要です。

しく走ったり飛び降りたりするので、関節が心配ですね。

◉アレルギー性の皮膚病。手作りフードにしてからすっかり良くなったのに、最近また皮膚病が復活してきました。

◉肝臓の数値がなかなか下がりません。

◉皮膚疾患。ひどくなると病院へ行く。抗生物質の注射や飲み薬。自宅でのシャンプーが原因で皮膚が荒れたことがあるので、シャンプーの種類や洗い方をいろいろ変えてみた。

◉大きなものはないですが、たまに顔にニキビというか湿疹がでます。しわの中まで濡れタオルで拭いた後、乾いたタオルで拭きます。

◉アレルギー性の皮膚病があります。薬湯を週に1回やっています。塗り薬を塗っています。ドッグフードはアレルギー反応が出てしまうものが

A

犬では、乳腺腫瘍に次いで発生率が高いのが、体表の腫瘍。なかでもフレンチブルドッグには、肥満細胞腫の発症例が少なからず見られます。

人間では肥満細胞腫は良性ですが、犬では悪性のがん。体表のあらゆる部位にでき、転移がしやすく、下半身に発生したものは悪性度が高いともいわれています。潰瘍化したもの、浮腫状のもの、腫瘤状のもの、腫瘍の周囲の脱毛や皮膚の赤斑を伴うものなど、形や様相はさまざまです。

肥満細胞腫の内部には、ヒスタミンやヘパリンなどの物質が含まれており、それらが体内に流出するとさまざまな症状が起こります。ひとつは、腫瘤局部の赤斑や浮腫といった炎症症状を起こすダリエール症状で、肺水腫やアナフィラキシーショックを招いて突然死する可能性もあり要注意です。ほかには、ヘパリンによる血液凝固障害、血中ヒスタミン濃度の上昇による胃潰瘍や十二指腸潰瘍など。胃潰瘍になると、嘔吐や吐血が見られる場合もあります。

多いため手作りご飯です。

◉アレルギー持ち。何でも軽く反応するため、病院から弱いアレルギー用の薬をもらってます。まだ小さかったのでアレルギー検査をしてません。

◉膝蓋骨脱臼です。サプリメントを与えています（今はストラバイト経過観察中なので獣医の指示で与えていません）。

◉膝関節が外れやすい。サプリや、手作り食の内容改善にて対処しています。急な方向転換やジャンプをなるべくさせず、体重も9〜9・5キロのベスト体重を保たせること。1日10分のマッサージ。

◉尿路結石。ひどい時は、抗生物質を飲む治療をします。普段はPHコントロールのフードで、食事療法をしています。

◉家に迎えた頃、咳がひどかったこともあり、レントゲ

Q33 フレンチブルドッグでよく聞く肥満細胞腫は良性？　悪性？ほかのがんとの見分け方は？

視診だけでは、肥満細胞腫は乳腺腫瘍と見分けがつかないことがほとんどです。けれども、針生検を行えば、比較的に容易に診断が可能です。針生検とは、腫瘍を刺して吸い取った細胞を、顕微鏡を使って調べる方法。無麻酔で行えるので、犬には負担がかかりません。

直径が1センチ前後の腫瘍ならば、腫瘍を切除する手術によって完治する確率が高くなります。ただし、乳がんなどと違い、腫瘍周囲の正常な皮膚や組織を可能な限り深く広く切除します。それでも、およそ3割の肥満細胞腫は再発するともいわれます。再発した場合や、切除が不可能な部位に転移が見られた場合、手術が困難な犬では、放射線治療をすすめられるかもしれません。肥満細胞腫は、放射線治療が有用なことで知られています。

肥満細胞腫はひとことでいえば「厄介」ながん。愛犬の体表にしこりを発見したら、様子を見ずになるべく早期に獣医師に診断を受けに行きましょう。

ンなどの検査をうけた所、心臓肥大気味と言われました。基本的には元気ですが、舌の色が薄紫になったり、寝起きに吐いたりすることがあり、あまり続くようなら、今後バリウムを飲む等のさらに細かい検査を受ける予定です。咳は子犬がかかりやすいもの（人間でいう百日咳のようなもの）で、今はだいぶ治ってきました。心臓の方は今のところ、普段の生活になんの支障もないので、激しすぎる運動だけしないように気を付けています。

●アレルギー。ひどくなると、軟膏を塗ります。

●アトピー。アトピカという薬を週1ペースで服用。

●以前は、右耳が膿みやすかったのですが、病院のお薬が効き、今では膿まなくなりました。

●先天性の骨の異常があり、

A

フレンチブルドッグに限らず、犬のがんではめずらしくない悪性リンパ腫にも注意が必要です。治療をしないと、平均3カ月で命を落とす危険性があるからです。

悪性リンパ腫はリンパ肉腫と呼ばれることもある、血液のがんの一種。脇の下、顎の下、鼠径部（股の付け根）、胸腔、腹腔など体じゅうにあるリンパ節に発生します。

犬の悪性リンパ腫の約8割は、体表のリンパ節が腫れるタイプ。顎の下が腫れると、愛犬は食欲が落ちるかもしれませんが、初期にはそれほど大きな症状は現れません。胸腔のリンパ節が腫れると、呼吸の異常や咳が見られます。

腹腔や腸のリンパ節が腫れると、嘔吐や下痢といった消化器症状に。そして、がん細胞が増えると、元気の消失、体重減少、筋肉が落ちて痩せるといった症状が出てきます。針生検、血液検査、レントゲン検査、超音波検査などにより診断が確定したら、一般的には抗がん剤による治療を行うことになるでしょう。残念ながら、犬の悪性リンパ腫は

神経の薬を投与中。これは一生つづくらしい。

◉ニキビの様なモノが顔周りに出来やすい。ひどくなると近くの病院に連れて行く。

◉生まれつき、右膝の関節がしっかりしていないようです。2回脱臼しています。ちょっと可愛そうなのですが、あまり体重が増えないようにすることと、2本足でのジャンプや階段の上り下りもなるべくしないように気をつけています。

◉肉球の周りが赤くなっていて痒がります。お医者さんへ行くと薬をくれるのですが、ずっと服用するのにも少し抵抗があり、なるべく掻かないように見張っています。

◉ちょっと下痢になりやすいです。お医者さんからもらった下痢止めを飲んでます。

◉耳膿腫。片方の耳に膿や水がたまったりしてくるので、

Q34 悪性リンパ腫と脳腫瘍もフレンチブルドッグは要注意？早期発見の方法はありますか？

体内に広がっていく性質を持っているので、外科手術はあまり有効ではなく、完治も望めません。けれども、抗がん剤を注射すれば8割ほどはリンパ節の腫れがひいて、犬も元気を取り戻します。再発の可能性を常に意識しながら病気と付き合うことになりますが、治療次第では健康な状態を数年以上にわたって保てます。

脳腫瘍も、主に高齢になったフレンチブルドッグでしばしば見られるがんの一種。性格の変化や、散歩やトイレなど日常的な生活における行動の変化、嗜好の変化などが見られたら、脳腫瘍の可能性があります。症状が進行すると、前肢や後肢のふらつきや、徘徊、一定方向への回転運動などが起こるようになります。さらに重症化すると、痙攣発作、意識の低下、視覚や聴覚の消失が現れます。

外科手術が不能なケースでは、放射線療法などによって再発するまでの期間の延長を望むことになるでしょう。

病院で抜いてもらっています。抜いたときは一週間くらい薬を飲んでいます。

◉春先〜夏にかけては皮膚の調子が悪くなってくるので、ひどくなった場合は飲み薬、塗り薬を使っています。脂漏症と言われてますが、ワンコ自体は痒がるわけでもないので、神経質にならずに対応しています。

◉夏になると皮膚にぶつぶつができやすいので、主に手作り食にしている。手作り食にしてからは、皮膚の状態は良好。他には、耳を血が出るまで掻いてしまい、何度か病院に通っている。

◉顔のシワのところが湿ってちょっと匂うぐらいです。毎日きれいに拭いてちょっと薬を塗ってあげます。

◉アレルギー。症状が出た時に病院へ行く。

◉耳はすぐに炎症をおこすた

A

人間同様、がんの治療法といえば、外科手術、放射線治療、抗がん剤が挙げられます。

腫瘍を完全に取り切れるならば、外科手術が第一の選択肢になるでしょう。腫瘍を温存する価値はありません。

フレンチブルドッグでは、呼吸器トラブルなど、がんになる前に患っている病気の影響などで手術が不可能なことがあります。その場合や、すでに転移しているがん、再発した肥満細胞腫などでは、放射線治療をすすめられるかもしれません。近年は、放射線治療装置を備える大学病院や高度医療施設も増えてきています。

悪性リンパ腫や、外科手術も放射線治療もむずかしい例などでは、抗がん剤での治療が選択肢になりえます。副作用が心配かもしれませんが、実際には犬は人ほど苦痛ではないようだと感じる獣医師や飼い主が多いようです。

より長く、より楽に生きられるように、少量での投薬を継続するメトロノーム療法を行う例も増えています。

め、病院でもらった液体の耳を洗う薬でまめにふき取っています。今は落ち着いていますがニキビダニ。一時は一週間おきに注射に通っていました。

◉アレルギー。食べ物に気をつけています。お風呂の回数も肌をみて気をつけています。草にもアレルギーがあるのと、掻きはじめると痒さが増すらしいので、外では洋服を着せています。カイカイになれば、掻かないように、家でもTシャツを着せたりも。夏は暑さに気をつけています。不整脈がでるときもあります。

◉皮膚が弱いのですが、普段からシャンプーや食事など気をつけています。ひどくなりそうな時だけ、皮膚科で診てもらっています。

◉皮膚病で抗生物質を毎食後、ステロイドを3日に1回1/4錠、症状が治まるま

Q35 がんの治療法について様々な種類や効果など教えてください

もちろん、飼い主によっては前述の治療法以外をチョイスするケースも少なくありません。

イマチニブという分子標的薬の経口投与も、そのひとつ。もともとは白血病の治療薬として開発された薬ですが、継続的に内服することで腫瘍が縮小したり、腫瘍が大きくなるのを防げます。がんの根治は不可能ですが、イマチニブが体質に合った場合は延命が期待できます。

ほかにも、食事療法と漢方薬で乳腺腫瘍が小さくなったフレンチブルドッグもいます。

免疫療法やサプリメント、さらに近頃では再生医療を試みる例も出てきています。

いずれにしても、手術不能の体表のがん、再発、末期がんなどでは、自宅でのケアが欠かせません。飼い主と自宅で過ごすほうが、延命のために入院するよりも犬にとっては幸せです。動物病院と相談しながら、心身の負担を減らせる治療プランを組んで進めていってあげたいものです。

で食事は病院で指定されたアレルギーを抑えるフードを。
◉眼が充血しやすい。人間の子どもも用目薬が効くと聞いて使っています。病院に行っても結局同じ治療でお金だけかかるし、おそらく慢性的なものなので……。
◉夏場にかけて皮膚炎になるときがあります。
◉アレルギー、湿疹。ひどくなると、時々薬をもらって飲ませている。
◉軽い皮膚炎。痒がるので薬用のシャンプーを使っている。
◉1歳を過ぎた頃から吐き癖、いびき、無呼吸、ちょっと暑いと「ぜぇぜぇ、ゲボッ、がぁがぁ」の呼吸が特に気になるように……。とにかく「胃液」「白い泡状」「食べたものの原形」が帰宅したら散乱している日があり、獣医さんで胃薬を処方してもらっていたのですが一向に改善され

A

そもそも、がんは生活習慣病のひとつ。人間同様、犬にもなるべく生活習慣病を発症させないための「生活習慣」を飼い主が整えてあげたいものです。

生活習慣病の発症にはストレスとの因果関係があると、人間の研究でわかっています。ストレスを抱えた状態では、免疫力が低下するからです。犬にとっての最大のストレス発散は、散歩。老齢期になって身体能力が衰えても、抱っこ散歩やカート散歩でもいいので、なるべく毎日散歩に出て楽しい刺激を脳に与えてあげましょう。もちろん、適度な運動による健康維持も、散歩の重要な役割となります。

ほかにも、愛犬の性格を考慮しながら、飼い主とのコミュニケーションやトレーニングやスキンシップなどにおいて、ストレスのかからない生活を工夫してみてください。

食事においては、化学的な添加物の多い粗悪な総合栄養食は避けるのが賢明です。ガンの抑制には、魚の脂に効果があるともいわれています。ほかには、サプリメントやミ

ず……。そこで、「BUHI」の記事を読んで、食後は抱っこしてみたり、食事を工夫したり……フレブルに詳しい獣医さんを探してみたり……。病院では「軟口蓋過長症」の診断が。手術後、時々はゲボッとやってますが、すごく落ち着いて、無呼吸はまったくなくなりました。イビキも少しはありますが、寝息が「スゥスゥ……zzz」で私の耳栓も不要に。順調です。これで、ブヒにとって厳しい夏も少し楽に過ごせると思います。

●目尻がぷっくり腫れて、その部分から1センチぐらいの毛が生えています。受診の結果、いずれ切ったほうがいいと言われ、悩んでいます。

●若年性白内障。現在通院している青森の獣医さんの話によると、もうほとんど見えてないとのことです。現在は点

Q36 がんを発症させたくない！予防になることがあれば実践しておきたいのですが

ネラルを除いたペット用の水素水など、副作用の心配のないものを選んで試してみるのもよいでしょう。

口腔内の環境が悪いと、生活習慣病にかかりやすくなります。歯磨きを習慣づけて、できるだけきれいな口腔環境を維持するように心がけてください。また、犬では口腔内にできる腫瘍も少なくありません。歯磨きの際は、口内炎のように赤くなっているところはないか、口の中にできものがないかどうかも定期的にチェックするように。

メスの乳腺腫瘍（P112参照）の予防には、2歳までの避妊手術も有効です。オスでは、去勢手術をすることによって精巣腫瘍や肛門周囲腺腫が予防できます。

生活習慣病を含め、椎間板ヘルニアや呼吸器トラブルなど万病のもとである肥満にも、要注意。飼い主の管理によって愛犬を太らせないようにしましょう（P96参照）。

眼しています。動体視力がなくなれば、手術を考えましょうとの見解です。眼科専門医にはまだ診察していただいていないので、東京の眼科専門医（紹介状を出してくれるとのことで）に診察していただく予定です。

●走ったり、微妙な動きをすると関節が外れます。始めはびっくりして泣きながら病院へ走りましたが、良いのか悪いのか、痛みが少ない子のようです。手術をするまでには至らないようで、治療というか毎日手で足を動かしリハビリをすると、足の筋肉がつきやすいと聞き、歌をうたいながら足の運動をしてます。

●肝臓の数値が高い（手作り食を工夫して改善出来るよう実行中）。

●外耳炎（週一回の耳洗浄と定期的に病院で診てもらっています）。

シニア期に多いがんは早期発見の努力を

シニア期になると、がんになるケースが多く見られます。特にフレンチブルに多いのが肥満細胞腫です。平均9歳と高齢犬に多いのですが、若齢犬でも発症するケースはあります。四肢にできるものより、身体にできるもののほうが悪性という場合が多いです。

肥満細胞腫は、組織球腫や良性の腫瘍と似ています。組織球種は顔や手足にできることが多く、おできのようなもので危険性はありません。ほとんどが自然に取れてなくなります。しかし、そのふたつを見極めることは病院でしかできませんので、なにかでき物があるなと思ったら、すぐに病院に連れて行ってください。

がんの怖いところは、消化器や他の内臓にまでできて悪さをしない限り、食欲や体調に変化が及ばないことです。また、肥満細胞腫の場合は同じ場所に再発したり、リンパ節に転移したりする点です。また、その再発のスピードも数日で皮膚が裂けるほどに大きくなる場合もあります。最初は小指の先程度の大きさでも、ものの半月ほどで親指サイズにまであっという間に大きくなったりします。

今では肥満細胞腫にも新しい治療があり、その治療は難しい部位のものを手術できる大きさにしたり、再発を防ぐために行います。ですから、何かできものができても「様子を見よう」というのは避けてください。

病院ではがん検診も行えるようになっています。また日頃から体表をくまなく触って、できものがないかどうかを飼い主さんがチェックしてあげることも非常に大切です。

シニア期の病気はちょっとしたサインを見逃さない

シニア期になると、まつ毛まで白くなったり、全体的に毛の色が薄くなったり、違う色の毛が多くなったりしてきます。それは、どの子でも当り前のことですよね。

しかし、病気が皮膚に現れることは非常に多いのです。

Watch

シニア期に入ったら

備えあれば憂いなし
サインを見逃さない!

元の病気が治ると、皮膚が綺麗になることは普通によくあります。犬の場合、人間のように顔色というものがありませんので、それが毛や皮膚に出てくるのです。ですから、皮膚や毛艶の状態をチェックすることは、健康チェックすることとイコールなんです。

病気の現れには、嘔吐、下痢など様々な症状を示しますので、皮膚や毛艶の状態のほか、口腔内、歯ぐきの色などと合わせて、日頃から意識してみてください。

さらにシニア期には、甲状腺や副腎などの内分泌系の病気が多く見られます。甲状腺機能低下症という病気も。おとなしい、おっとりタイプの子が、いろいろと調べていくと、その気性も含めてすべてがホルモン値が低いことに端を発していることがあったりします。ホルモン値が低いから活動しなくなる、また心拍が遅く、血圧が弱い。だから代謝も悪い。

甲状腺機能低下症はずっと投薬しないといけない病気です。検診でコレステロール値が高い場合は、この甲状腺機能低下症や、ほかのホルモン病などを疑って、検査をすすめていきましょう。

なにか体内に根本的な病気があって、その基礎疾患の影響が他の部位にサインとして出ていると疑うことが大切です。それは表には出ていなかった病気を発見することにつながります。

Watch

生活習慣病の基礎知識

がんだけじゃない!
糖尿病や心臓病など

人だけでなく犬でも、生活習慣病と呼ばれる心臓病や糖尿病にかかる可能性があります。

◉心臓病

犬の病気による死因でがんに次ぐのは、心臓病。なかでも、僧帽弁閉鎖不全症は、加齢に伴って小型犬全般が発症しやすい病気です。明らかな症状は咳で、病状が進行すると食べたときにむせるような咳をするようになります。重症になると、動くことすら嫌がるように。心音の聴診による心雑音で発見でき、内服薬による治療で延命も可能です。

朝方に痰を切るような咳が数カ月続いていたら、心臓肥大かもしれません。呼吸が浅くて早かったり、咳をして血を吐くならば、心臓病が原因の肺水腫になっている可能性もあります。フレンチブルドッグだから呼吸器のトラブルだろうと、心臓病を見逃さないように注意しましょう。

◉糖尿病

糖尿病にかかりやすいのは、遺伝的な要因や、未避妊メスの黄体期、肥満になりやすい犬種などが挙げられます。食欲旺盛で、呼吸器の問題などから運動が不足しがちなフレンチブルドッグの発症因子は、決して低くはありません。運動には、肥満予防のほか、糖分の吸収をよくする働きもあるからです。

糖尿病の主な症状は、多飲と、尿の量や回数が増えること。進行すると、白内障や感染症の罹患リスクも上がるので、早期に発見をして血糖のコントロールを開始しましょう。発症した場合、メスならば避妊手術を、肥満犬にはダイエットを最初に行います。それでもインスリン分泌が正常にならなければ、飼い主が毎日インスリンを注射する治療を行うようになるでしょう。

同じように多飲と多尿の症状を示す病気には、内分泌疾患であるクッシング症候群があります。この病気により、糖尿病が誘発されることもあります。

Watch

定期的に健康診断を受けよう

病気の予防と
早期発見に必須!

犬は不調を口にしない

犬は人と違って、体に異常があっても口に出して説明しません。それどころか、野生動物の本能の名残りで、痛みがあっても隠そうとするもの。だからこそ、病気の早期発見が可能な健康診断が大きな意義を持つのです。

最近は、健康診断の基本となる血液検査に加えて、レントゲン検査、超音波検査、尿検査、糞便検査などをパックプランにしている動物病院も増えてきました。人間の約5倍速で体内時計が進んで行く犬たちのためには、半年に1度が理想的ですが、少なくとも年に1回は健康診断を受けさせてあげたいものです。とくにフレンチブルドッグは、若齢のうちに手術が望ましい呼吸器トラブルを抱えやすかったり、若齢でのがんの発症、知らないうちに誤飲したものが消化器に残っているなど、病気のリスクが高い犬種。5〜6歳の中年期からではなく、1歳くらいから定期的な健康診断を継続するのをおすすめします。

健康診断でわかること

検査の内容と、結果から判断することは次のとおり。

❶ 身体検査

視診によって、皮膚や耳や眼や口腔内に異常がないかを判断します。触診では、体表やリンパ節や関節などに異常がないかを確認。聴診によっては、心音に異常がないかを判断します。見たり触ったりすることに加えて、体重測定で、肥満や痩せ具合の判断も行います。

❷ 血液検査

大きく分けて2種類の検査があります。赤血球や白血球を調べる一般血液検査と、臓器の機能を調べる生化学検査です。血液検査は、さまざまな病気の発見につながります。

フィラリアの有無を調べるために採血する際、同時に詳しい血液検査を動物病院に依頼するのもよいでしょう。

❸ 尿検査

尿たんぱく、尿糖、pH、尿潜血反応、ビリルビン、白血球や赤血球の存在、沈殿物や結石、尿比重などを調べます。尿検査により、腎臓や尿路の病気、内分泌系の病気などがわかります。

❹ 糞便検査

顕微鏡で便を調べることで、回虫や条虫などの内部寄生虫の有無がわかります。消化管の炎症や異常、膵臓機能不全の診断にも役立ちます。

❺ レントゲン検査

臓器の形や大きさ、消化管内の異物、肺の状態、腹水などを知るのに役立ちます。触診と合わせて、骨や関節の状態を知ることもできます。

❻ 超音波検査

レントゲン検査だけでは判断がむずかしい臓器の状態がわかります。腹腔内の臓器の異常や、心臓の弁膜の動きを調べるのに適しています。血流が着色されてモニター表示されるカラー・ドプラー超音波では、心臓の血流を詳しく把握できるので弁疾患などを発見できます。

検査結果は活かすべし

検査結果は、結果の見かたなども併記して、報告書にまとめて手渡してくれる動物病院がほとんどです。

もし異常が見つからなくても、愛犬の健康なときの数値を知っておけば今後の健康管理や病気の早期発見に役立ちます。また、今後かかるかもしれない病気の判断材料にもなるので、健康診断が病気予防のチャンスを与えてくれることも。日常生活の注意点を獣医師に聞いておけば、かかる可能性のある病気を発症せずにすむかもし

Watch

定期的に健康診断を受けよう

病気の予防と
早期発見に必須!

れません。

病気が発見された場合は、早期の治療開始が可能です。悪化してからでは完治が困難な病気でも、早期治療によって完治が期待できるケースがあります。

元気なうちから、健康診断をサポート役に、愛犬が健康でいられる日々を増やしてあげましょう。

毎日の健康チェック習慣で不調のサインを見逃さない

「健康面はすべて獣医師任せ」というのでは、大切な愛ブヒの体調の変化に気付くのが遅れてしまうことがあります。犬は我慢強い動物なので、小さな変化や不調のサインを見逃さないためにも、毎日の健康チェックを習慣にしましょう。

まずは、愛犬の健康な体の状態を頭に入れておきます。その上で、目、耳、鼻、口、顔のしわ、全身の皮膚と被毛の状態を見ます。コミュニケーションをとりながら体を隅々まで撫でて、発疹や赤み、腫れ、しこりがないかをチェックしましょう。血行を良くして皮膚や被毛を整える、ブラッシングも忘れずに行なうこと。また、食欲の有無やウンチの状態も大切な健康のバロメーターです。

健康チェックで少しでも「おかしいな」と思うところがあれば、すぐにかかりつけの動物病院を受診してください。

検査内容については、動物病院によってさまざまなプランがあります。目的に合わせて、どんな検査プランが適しているのかを、獣医師と相談して決めるようにしてください。

Watch

フレンチブルドッグの寿命

ほかの犬種より
短命かもしれないから、
そのときに備えて……

いま、日本に暮らす家庭犬の平均寿命は14歳ほど（ペットフード協会「平成26年全国犬猫飼育実態調査」より）。ところがフレンチブルドッグの平均寿命は、約10年といわれています。

理由としては、やはりフレンチブルドッグはほかの犬種に比べて病気になる確率が高いこと。特に、がんや呼吸器の疾患がフレンチブルドッグを苦しめる例が多いからだといえるでしょう。加えて、フレンチブルドッグの場合は「突然死」も少なくありません。呼吸器疾患でも突然死は起こりえますが、誤飲による窒息死や中毒死。若くして旅立ってしまわないように、フレンチブルドッグを家族に迎えたら、誤飲だけには常に細心の注意を払いましょう。

病気の場合、治療は飼い主が納得のいく方法を選択するのが、あとで悔いを残さないためには重要です。呼吸器疾患のほか、すでに抱えている病気がリスクとなって、外科手術ができないこともあるでしょう。そのときに、どんな治療方法を進めるのか。フレンチブルドッグの雑誌やSNSなどを活用して、諦めずに探っていけば、最良の方法に出会える確率が上がります。

病気の愛犬との毎日は、飼い主にとってはつらい面があるかもしれません。けれども、飼い主さんの悲しそうな顔を見れば、愛犬も気分が沈んでしまいます。愛犬に明るい気持ちで毎日を過ごしてもらうために、決して最後の日まで、笑顔を絶やさないであげてください。

愛犬を天国に見送ったあと、喪失感から「ペットロス」の状態になってしまったら、専門のカウンセラーなどに頼ることもできます。「グリーフケア」といって、泣きたいときは思い切り泣き、愛犬の写真を整理してアルバムを作ったり、仲間と愛犬の思い出を語り合ったりといった「別れの儀式」を行うのもよいでしょう。

近ごろの研究では、家庭内にほかのペットがいるほうが、ペットロスになる可能性が低くなるという結果も報告されています。飼い主さんの生活や気持ちにゆとりがあるようならば、愛犬が老齢になる前に、2頭目を迎えておくという選択肢があるかもしれません。

許す心も必要だし、
叱る心も必要だし。

生まれ変わっても、
うちの子になってね！

クオリティ・オブ・ライフ。
それはわんこの気持ちになること。

きみが好きな犬は
きみのことが大好き。
それを幸福と名づけるよ。

犬たちは、決して
絶望したり諦めたり
しないのです。

敵のいない、
いちばん安心できる家で過ごし、
からだに良いものを食べ、
そして大好きな飼い主さんと
一緒に遊ぶこと。

生まれてきた犬は、
みんなそれぞれの運命で
それぞれの暮らしが
待っている。

犬の命は人間の七分の一。
飼い主は、七倍の熱意で
犬を守らねばならない。

毛色が真っ白になっても、
よぼよぼになって歩くのが遅くなっても、
それでもずっと変わることなく
みんなに愛されて笑って過ごせることを
心から願っているよ。

かわいいなあ、そしてとてもさみしい。
かわいいものは、さみしいな。
ぼくらは、そのことが、
なんとなくわかっているはずだ。
まだ時間はあるはずだからさ、
ゆっくり、解き明かしていこう。

フレンチブルドッグと暮らしたいんです。だけど病気がちで弱い犬種なんでしょう？……誰かにそんなふうに聞かれたら、親愛なるブヒ飼い主さんたちよ、なんと答えますか？——そうとも言えるし、そうじゃないとも言える。そう、その答えで合っています。さらにそれは飼い主のあなた次第ですよ、とつけ加えてもいいかもしれません。予防や対策。知識と知恵。主観および客観。いずれにしても大切なのは、飼い主のあなたがその子の「弱点」を見つめ、対処することです。ただそれだけ、なんです。

さらに言えば、病気は不幸だけを連れてきたりはしません。それは、ぼくらの人生においても示唆を与えてくれる。愛ブヒがつらい時になにをしてあげられるか。弱点克服、と銘打ったけれど、克服するということは愛することでもあります。その病気まで含めて、愛してあげてほしい。究極はそういうことなのでしょう。きっとあなたなら、愛し続けることができる。それでは、またお会いしましょう！

afterword

BUHI MANIACS vol. 1

フレンチブルドッグのくすり箱

弱点克服

メディカルQ&Aブック

2016年3月16日 初版 第1刷
2020年9月25日 初版 第2刷

統括編集 小西秀司
編集人 長嶋瑞木
デザイン エチカデザイン
文 臼井京音
写真 SUMiCO
発行人 長嶋うつぎ
発行所 株式会社オークラ出版
〒153-0051
東京都目黒区上目黒1-18-6 NMビル
☎03(3792)2411
印刷・製本 株式会社光邦
Printed in Japan
©オークラ出版2016
●乱丁本、落丁本はお取替えします。
●本誌掲載の記事、写真等の無断複製、複写、転載を禁じます。
ISBN978-4-7755-2538-8